U0258175

『十二五』國家重點圖書出版規劃項目

二〇一一—二〇二〇年國家古籍整理出版規劃項目

國家古籍整理出版專項經費資助項目

中國古農書集粹

王思明——主編

鳳凰出版社

ISBN 978-7-5506-4065-8

圖書在版編目（CIP）數據

竹譜、竹譜詳録、竹譜、桐譜、茶經、茶録、東溪試茶録、大觀茶論、品茶要録、宣和北苑貢茶録、北苑别録、茶箋、羅岕茶記、茶譜、茶疏 /（南朝宋）戴凱之等撰. -- 南京 : 鳳凰出版社, 2024.5
（中國古農書集粹 / 王思明主編）
ISBN 978-7-5506-4065-8

Ⅰ. ①竹… Ⅱ. ①戴… Ⅲ. ①農學－中國－古代 Ⅳ. ①S-092.2

中國國家版本館CIP數據核字(2024)第042537號

書　　名	竹譜 等
著　　者	(南朝宋)戴凱之 等
主　　編	王思明
責任編輯	王　劍
裝幀設計	姜　嵩
責任監製	程明嬌
出版發行	鳳凰出版社(原江蘇古籍出版社) 發行部電話025-83223462
出版社地址	江蘇省南京市中央路165號,郵編:210009
印　　刷	常州市金壇古籍印刷廠有限公司 江蘇省金壇市晨風路186號,郵編:213200
開　　本	889毫米×1194毫米　1/16
印　　張	26.25
版　　次	2024年5月第1版
印　　次	2024年5月第1次印刷
標準書號	ISBN 978-7-5506-4065-8
定　　價	320.00圓

(本書凡印裝錯誤可向承印廠調换,電話:0519-82338389)

《中國古農書集粹》編委會

主　編

王思明

副主編

惠富平　熊帝兵

編　委

沈志忠　盧　勇　丁曉蕾　夏如兵　陳少華　何紅中

劉馨秋　李昕升　劉啓振　朱鎖玲　何彦超

序

中國是世界農業的重要起源地之一，農耕文化有着上萬年的歷史，在農業方面的發明創造舉世矚目。中國幾千年的傳統文明本質上就是農業文明。農業是國民經濟中不可替代的重要的物質生產部門，在傳統社會中一直是支柱產業。農業的自然再生產與經濟再生產曾奠定了中華文明的物質基礎。在漫長的歷史進程中，中華農業文明孕育出南方水田農業文化與北方旱作農業文化、漢民族與其他少數民族農業文化等不同的發展模式。無論是哪種模式，都是人與環境協調發展的路徑選擇。中國之所以能够在十九世紀以前的一兩千年中，長期保持着世界領先的地位，就在於中國農民能够根據不斷變化的人口狀況以及自然、經濟環境作出正確的判斷和明智的選擇。

中國農業文化遺産十分豐富，包括思想、技術、生産方式以及農業遺存等。在傳統農業生産過程中，形成了以尊重自然、順應自然，天、地、人『三才』協調發展的農學指導思想；形成了以種植業爲主，種植業和養殖業相互依存、相互促進的多樣化經營格局；凸顯了『寧可少好，不可多惡』的農業經營策略和精耕細作的技術特點；蘊含了『地可使肥，又可使棘』『地力常新壯』的辯證土壤耕作理論；總結了輪作復種、間作套種和多熟種植的技術經驗；形成了北方旱地保墒栽培與南方合理管水用水相結合的農業生産模式。與世界其他國家或民族的傳統農業以及現代農學相比，中國傳統農業自身的特色明顯，既有成熟的農學理論，又有獨特的技術體系。

世代相傳的農業生產智慧與技術精華，經過一代又一代農學家的總結提高，涌現了數量龐大、種類繁多的農書。《中國農業古籍目錄》收錄存目農書十七大類，二千零八十四種。閔宗殿等學者在此基礎上又根據江蘇、浙江、安徽、江西、福建、四川、臺灣、上海等省市的地方志，整理出明清時期二百三十六種『新書目』。[一]隨着時間的推移和學者的進一步深入研究，還將會有不少沉睡在古籍中的農書被不斷地揭示出來。作爲中華農業文明的重要載體，這些古農書總結了不同歷史時期中國農業經營理念和傳統農業科技的精華，是人類寶貴的文化財富。

中國古代農書豐富多彩、源遠流長，反映了中國農業科學技術的起源、發展、演變與轉型的歷史進程與發展規律，折射出中華農業文明發展的曲折而漫長的發展歷程。這些農書中包含了豐富的農業實用技術、農業經濟智慧、農村社會發展思想等，覆蓋了農、林、牧、漁、副等諸多方面，廣泛涉及傳統社會中農業生產、農村社會、農民生活等主要領域，還記述了許許多多關於生物學、土壤學、氣候學、地理學、水利工程等自然科學原理。存世豐富的中國古農書，不僅指導了我國古代農業生產與農村社會的發展，也包含了許多當今經濟社會發展中所迫切需要解决的問題——生態保護、可持續發展、農村建設、鄉村振興等思想和理念。

作爲中國傳統農業智慧的結晶，中國古農書通過各種途徑傳播到世界各地，對世界農業文明產生了深遠影響，例如《齊民要術》在唐代已傳入日本。被譽爲『宋本中之冠』的北宋天聖年間崇文院本《齊民要術》被日本視爲『國寶』，珍藏在京都博物館。而以《齊民要術》爲対象的研究被稱爲日本『賈學』。江户時代的宮崎安貞曾依照《農政全書》的體系、格局，撰寫了適合日本國情的《農業全書》十

〔一〕閔宗殿《明清農書待訪錄》，《中國科技史料》二〇〇三年第四期。

卷，成爲日本近世時期最有代表性、最系統、水準最高的農書，被稱爲『人世間一日不可或缺之書』。據不完全統計，受《農政全書》或《農業全書》影響的日本農書達四十六部之多。〔一〕中國古農書直接或間接地推動了當時整個日本農業技術的發展，提升了農業生産力。

朝鮮在新羅時期就可能已經引進了《齊民要術》。〔二〕高麗宣宗八年（一〇九一）李資義出使中國，宋哲宗（一〇八六—一一〇〇）要求他在高麗覆刊的書籍目錄裏有《氾勝之書》。高麗後期的一三四九年與一三七二年，曾兩次刊印《元朝正本農桑輯要》。朝鮮太宗年間（一三六七—一四二二），學者從《農桑輯要》中抄錄養蠶部分，譯成《養蠶經驗撮要》，摘取《農桑輯要》中穀和麻的部分譯成吏讀，並以此爲底本刊印了《農書輯要》。朝鮮的《閒情錄》以《陶朱公致富奇書》爲基礎出版，《農政會要》則主要引自《授時通考》。《農家集成》《農事直説》以及姜希孟的《四時纂要》主要根據王禎《農書》等多部中國古農書編成。據不完全統計，目前韓國各文教單位收藏中國農業古籍四十種，〔三〕包括《齊民要術》《農政全書》《授時通考》《御製耕織圖》《江南催耕課稻編》《廣群芳譜》《農桑輯要》等。

中國古農書還通過絲綢之路傳播至歐洲各國。《農政全書》至遲在十八世紀傳入歐洲，一七三五年法國杜赫德（Jean-Baptiste Du Halde）主編的《中華帝國及華屬韃靼全志》卷二摘譯了《農政全書》卷三十一至卷三十九的《蠶桑》部分。至遲在十九世紀末，《齊民要術》已傳到歐洲。達爾文的《物種起源》和《動物和植物在家養下的變異》援引《中國紀要》中的有關事例佐證其進化論，達爾文在談到人

〔一〕韓興勇《〈農政全書〉在近世日本的影響和傳播——中日農書的比較研究》，《農業考古》二〇〇三年第一期。
〔二〕［韓］崔德卿《韓國的農書與農業技術——以朝鮮時代的農書和農法爲中心》，《中國農史》二〇〇一年第四期。
〔三〕王華夫《韓國收藏中國農業古籍概況》，《農業考古》二〇一〇年第一期。

工選擇時説：『如果以爲這種原理是近代的發現，就未免與事實相差太遠。……在一部古代的中國百科全書中，已有關於選擇原理的明確記述。』〔一〕而《中國紀要》中有關家畜人工選擇的内容主要來自《齊民要術》。〔二〕中國古農書間接地爲生物進化論提供了科學依據。英國著名學者李約瑟（Joseph Needham）編著的《中國科學技術史》第六卷『生物學與農學』分册以《齊民要術》爲重要材料，説它『即使在世界範圍内也是卓越的、傑出的、系統完整的農業科學理論與實踐的巨著』。〔三〕

世界上許多國家都收藏有中國古農書，如大英博物館、巴黎國家圖書館、柏林圖書館、聖彼得堡（列寧格勒）圖書館、美國國會圖書館、哈佛大學燕京圖書館、日本内閣文庫、東洋文庫等，大多珍藏有《齊民要術》《茶經》《農桑輯要》《農書》《農政全書》《授時通考》《花鏡》《植物名實圖考》等早期刻本。不少中國著名古農書還被翻譯成外文出版，如《齊民要術》有日文譯本（缺第十章），《天工開物》與《茶經》有英、日譯本，《農政全書》《授時通考》《群芳譜》的個别章節已被譯成英、法、俄等文字，《元亨療馬集》有德、法文節譯本。法蘭西學院的斯坦尼斯拉斯·儒蓮（一七九九—一八七三）翻譯的法文版《蠶桑輯要》廣爲流行，並被譯成英、德、意、俄等多種文字。顯然，中國古農書已經是全世界人民的共同財富，也是世界了解中國的重要媒介之一。

近代以來，有不少學者在古農書的搜求與整理出版方面做了大量工作。晚清務農會於光緒二十三年（一八九七）鉛印《農學叢刻》，但是收書的規模不大，僅刊古農書二十三種。一九二〇年，金陵大學在

〔一〕［英］達爾文《物種起源》，謝藴貞譯。科學出版社，一九七二年，第二十四—二十五頁。

〔二〕《中國紀要》即十八世紀在歐洲廣爲流行的全面介紹中國的法文著作《北京耶穌會士關於中國人歷史、科學、技術、風俗、習慣等紀要》。一七八〇年出版的第五卷介紹了《齊民要術》，一七八六年出版的第十一卷介紹了《齊民要術》中的養羊技術。

〔三〕轉引自繆啓愉《試論傳統農業與農業現代化》，《傳統文化與現代化》一九九三年第一期。

全國率先建立了農業歷史文獻的專門研究機構，在萬國鼎先生的引領下，開始了系統收集和整理中國古代農業歷史文獻的研究工作，着手編纂《先農集成》，從浩如煙海的農業古籍文獻資料中，搜集整理了三千七百多萬字的農史資料，後被分類輯成《中國農史資料》四百五十六册，是巨大的開創性工作。

民國期間，影印興起之初，《齊民要術》、王禎《農書》、《農政全書》等代表性古農學著作均有石印本或影印本。一九四九年以後，爲了保存農書珍籍，曾影印了一批國内孤本或海外回流的古農書珍本，如中華書局上海編輯所分别在《中國古代科技圖錄叢編》和《中國古代版畫叢刊》的總名下，影印了《天工開物》（崇禎十年本）、《便民圖纂》（萬曆本）、《救荒本草》（嘉靖四年本）、《授衣廣訓》（嘉慶原刻本）等。上海圖書館影印了元刻大字本《農桑輯要》（孤本）。一九八二年至一九八三年，農業出版社以《中國農學珍本叢書》之名，先後影印了《全芳備祖》（日藏宋刻本），《金薯傳習錄、種薯譜合刊》（前者刊本僅存福建圖書館，後者朝鮮徐有榘以漢文編寫，内存徐光啓《甘薯疏》全文），以及《新刻注釋馬牛駝經大全集》（孤本）等。

古農書的輯佚、校勘、注釋等整理成果顯著。萬國鼎、石聲漢先生都曾對《四民月令》《氾勝之書》等進行了輯佚、整理與深入研究。到二十世紀末，具有代表性的古農書基本得到了整理，如夏緯瑛的《管子地員篇校釋》和《呂氏春秋上農等四篇校釋》，石聲漢的《齊民要術今釋》《農桑輯要校注》《農政全書校注》等，繆啓愉的《齊民要術校釋》和《四時纂要》，王毓瑚的《農桑衣食撮要》，馬宗申的《授時通考校注》等。特别是農業出版社自二十世紀五十年代一直持續到八十年代末的《中國農書叢刊》，先後出版古農書整理著作五十餘部，涉及範圍廣泛，既包括綜合性農書，也收錄不少畜牧、蠶桑、水利等專業性農書。此外，中華書局、上海古籍出版社等也有相應的古農書整理著作出版。

一些有識之士還致力於古農書的編目工作。一九二四年，金陵大學毛邕、萬國鼎編著了最早的農書簡目《中國農書目錄彙編》，存佚兼收，薈萃七十餘種古農書。但因受時代和技術手段的限制，規模較小。一九四九年以後，古農書的編目、典藏等得以系統進行。一九五七年，王毓瑚的《中國農學書錄》出版（一九六四年增訂），含英咀華，精心考辨，共收農書五百多種。一九五九年，北京圖書館據全國二十五個圖書館的古農書書目彙編成《中國古農書聯合目錄》，收錄古農書及相關整理研究著作六百餘種。一九九〇年，中國農業歷史學會和中國農業博物館據各農史單位和各大圖書館所藏農書彙編成《農業古籍聯合目錄》，收書較此前更加豐富。二〇〇三年，張芳、王思明的《中國農業古籍目錄》收錄了古農書存目二千零八十四種。經過幾代人的艱辛努力，中國古農書的規模已基本摸清。上述基礎性工作爲古農書的搜求、彙集、出版奠定了堅實的基礎。

目前，以各種形式出版的中國古農書的數量和種類已經不少，具有代表性的重要農書還被反復出版。但是，仍有不少農書尚存於各館藏單位，一些孤本、珍本急待搶救出版。部分大型叢書已經注意到古農書的彙集與影印，《續修四庫全書》『子部農家類』收錄農書六十七部，《中國科學技術典籍通匯》『農學卷』影印農書四十三種。相對於存量巨大的古代農書而言，上述影印規模還十分有限。可喜的是，在鳳凰出版社和中華農業文明研究院的共同努力下，《中國古農書集粹》被列入《二〇一一—二〇二〇年國家古籍整理出版規劃》。本《集粹》是一個涉及目錄、版本、館藏、出版的系統工程，工作於二〇一二年啓動，經過近八年的醞釀與準備，影印出版在即。《集粹》原計劃收錄農書一百七十七部，後根據時代的變化以及各農書的自身價值情況，幾易其稿，最終決定收錄代表性農書一百五十二部。

《中國古農書集粹》填補了目前中國農業文獻集成方面的空白。本《集粹》所收錄的農書，歷史跨度時間長，從先秦早期的《夏小正》一直至清代末期的《撫郡農産考略》，既展現了中國古農書的萌芽、形成、發展、成熟、定型與轉型的完整過程，也反映了中華農業文明的發展進程。明清時期是中國傳統農業發展的巔峰，它繼承了中國傳統農業中許多好的東西並將其發展到極致，而這一階段的農書恰是本《集粹》收錄的重點。本《集粹》還具有專業性強的特點。古農書屬大宗科技文獻，而非傳統意義的歷史文獻，本《集粹》更側重於與古代農業密切相關的技術史料的收錄。本《集粹》所收農書覆蓋面廣，涵蓋了綜合性農書、時令占候、農田水利、農具、土壤耕作、大田作物、園藝作物、竹木茶、植物保護、畜牧獸醫、蠶桑、水産、食品加工、物産、農政農經、救荒賑災等諸多領域。收書規模也爲目前中國農業古籍集成之最。

《中國古農書集粹》彙集了中國古代農業科技精華，是研究中國古代農業科技的重要資料。同時，中國古農書也廣泛記載了豐富的鄉村社會狀況、多彩的民間習俗、真實的物質與文化生活，反映了中國古代農民的宗教信仰與道德觀念，體現了科技語境下的鄉村景觀。不僅是科學技術史研究不可或缺的第一手資料，還是研究傳統鄉村社會的重要依據，對歷史學、社會學、人類學、哲學、經濟學、政治學及其他社會科學都具有重要參考價值。古農書是傳統文化的重要載體，是繼承和發揚優秀農業文化遺産的主要文獻依憑，對我們認識和理解中國農業、農村、農民的發展歷程，乃至整個社會經濟與文化的歷史脉絡都具有十分重要的意義。本《集粹》不僅可以加深我們對中國農業文化、本質和規律的認識，還可以鑒古知今，把握國情，爲今天的經濟與社會發展政策的制定提供歷史智慧。

本《集粹》的出版，可以加強對中國古農書的利用與研究，加深對農業與農村現代化歷史進程的必然性和艱巨性的認識。祖先們千百年耕種這片土地所積累起來的知識和經驗，對於如今人們利用這片土地仍具有指導和借鑒作用，對今天我國農業與農村存在問題的解決也不無裨益。現代農學雖然提供了一些『普適』的原理，但這些原理要發揮作用，仍要與這個地區特殊的自然環境相適應。而且現代農學原理並不否定傳統知識和經驗的作用，也不能完全代替它們。中國這片土地孕育了有中國特色的傳統農業，積累了有自己特色的知識和經驗，有利於建立有中國特色的現代農業科技體系。人類文明是世界各個民族共同創造的，人類文明未來的發展當然要繼承各個民族已經創造的成果。中國傳統的農業知識必將對人類未來農業乃至社會的發展作出貢獻。

王思明

二〇一九年二月

目錄

竹譜

（南朝宋）戴凱之 撰

《竹譜》，（南朝宋）戴凱之撰。《隋書・經籍志》『譜系類』著録，無撰人姓名。《舊唐書・經籍志》『農家類』著録，題戴凱之撰，但未注明作者時代。宋晁公武《郡齋讀書志》也有記載，説作者字慶預，武昌人。左圭《百川學海》也收入該書，標明作者是晉朝人，字又作慶豫，亦不知所據。後世版本多因襲《百川學海》，題『晉戴凱之撰』。民國《湖北通志・藝文志》的編者卻根據《隋書・經籍志》『别集類』載劉宋朝有《戴凱之集》，斷定作者是劉宋時人。近人胡立初《齊民要術引用書目考證》指出，《宋書》『鄧琬傳』所載的武昌戴凱之，南朝劉宋泰始二年（四六六）爲南康相，應當就是本書的作者。

全書約二千字。正文爲四字一句的韻語，各附注語，逐條解釋。記竹類四十餘種，以南方地區竹類爲主，載其形態特徵、分佈及利用。正文及注語都出自作者，大部分爲作者見聞，還引用古書三十餘種。該書最早對竹類的植物學特徵如開花結實、期年枯死等現象作了詳細記述。書中還記載了竹類植物的造林技術，以及根據竹種地理分佈與生態習性選擇林地的經驗。該書對南方竹類的利用也有記述，如嶺南地區用竹子作建築材料及各種器具，食用竹筍等。

該書宋以後流傳很廣，有《百川學海》《説郛》《漢魏叢書》《龍威秘書》等多種版本。今據南京圖書館藏《百川學海》本影印。

（惠富平）

竹譜

晉武昌戴凱之　慶豫撰

植類之中有物曰竹不剛不柔非草非木
山海經爾雅皆言以竹爲草事經聖賢未有改易然則稱草良有難安竹形類既自乖殊且經中文說又自背伐經云其草多族復云其竹多箘又云雲山有桂竹若謂竹是草不應稱竹今既稱竹則非草可謂知矣竹是一族之總名一形之偏稱也植物之中有草木竹猶動品之中有魚鳥獸也年月乆遠傳寫謬誤今日之疑或非古賢之過也而比之學者謂事經前賢不敢辯正何異匈奴惡郅都之名而畏木偶之質耶

小異空實大同節目

夫竹之大體多空中而時有實十或一耳故曰小異然雖有空實之異而未有竹之無節者故曰大同

或茂沙水或挺巖陸

桃枝篔簹多植水渚篁篠之屬必生高燥

條暢紛敷青翠森肅質雖冬蒨性忌殊寒九河鮮育五嶺實繁

九河即徒駭太史馬頰覆釜胡蘇簡絜鉤盤鬲津禹所導也在平原郡五嶺之説互有異同余往交州行路所見兼訪舊老考諸古志則今南康始安臨賀爲北嶺臨漳寧浦爲南嶺五都界

内各有一嶺以隔南北之水俱通南越之地南康臨賀始安三郡通廣州寧浦臨漳二郡在廣州西南通交州或趙他所通或馬援所併厥跡在焉故陸機請伐鼓五嶺表道九眞也徐廣雜記以剡松陽建安康樂爲五嶺其謬遠矣俞益期與韓康伯以晉興所統南移大營九岡爲五嶺之數又其謬也九河鮮育忌隆寒也五嶺實繁好殊温也

萌筍苞籜夏多春鮮根榦將枯花箙乃縣

竹生花實其年便枯死箙竹實也箙音福

䈽必六十復亦六年

竹六十年一易根易根輒結實而枯死其實落

土復生六年遂成町竹謂死爲箹箹音紂

籦龍之美爰自崑崙

籦龍竹名黄帝使伶倫伐之於崑崙之墟吹以應律聲譜云籦龍大竹此言非大小之稱笛賦云籦龍非也自一竹之名耳所生若是大竹豈中律管與笛

員丘帝竹一節爲船巨細已聞形名未傳

員丘帝俊竹一節爲船郭注云一節爲船未詳其義俊即舜字假借也

桂實一族同稱異源

桂竹高四五丈大者二尺圍闊節大葉狀如甘竹而皮赤南康以南所饒也山海經云靈原桂

竹傷人則死是桂竹有二種名同實異其形未
詳

䈞尤勁薄博矢之賢
䈞細竹也出蜀志薄肌而勁中三續射博箭䈞
音衛見三倉

篁任篙笛體特堅圓
篁竹堅而促節體圓而質堅皮白如霜粉大者
宜行船細者爲笛篁音皇見三倉

棘竹駢深一叢爲林根如推輪節若束針亦曰笆竹
城固是任篾笱旣食鬢髪則侵
棘竹生交州諸郡叢初有數十莖大者二尺圍
肉至厚實中夷人破以爲弓枝節皆有刺彼人

種以爲城卒不可攻萬震異物志所種爲藩落
阻過層墉者也或卒崩根出大如十石物縱橫
相承如縿車一名笆竹見三倉筍味落人鬚髮

單體虛長各有所育

單竹大者如腓虛細長爽嶺南夷人取其筍未
及竹者灰煑績以爲布其精者如縠焉

苦實稱名甘亦無目

苦竹有白有紫而味苦甘竹似篁而茂葉下節
味甘合湯用之此䖏䖏亦有

弓竹如藤其節郄曲生多卧土立則依木長幾百尋
狀若相續質雖含文須膏乃縟

弓竹出東垂諸山中長數十丈每節輙曲既長

且軟不能自立若遇木乃倚質有文章然要須

膏塗火灼然後出之篾卧竹上出也

厥族之中蘇麻特奇脩幹平節大葉繁枝凌群獨秀

蓊茸紛披

蘇麻竹長數丈大者尺餘圍概節多枝叢生四

枝葉大如履竹中可愛者也此五嶺左右偏有

之

篔簹射筒箖箊桃枝長爽纖葉清肌薄皮千百相亂

洪細有差

數竹皮葉相似篔簹最大大者中甑笋亦中射

筒薄肌而最長節中貯箭因以爲名箖箊葉薄

而廣越女試劒竹是也桃枝是其中最細者並

見方志賦桃枝皮赤編之滑勁可以爲席顧命篇所謂篾席者也爾雅釋草云四寸一節爲桃枝郭注云竹四寸一節爲桃枝余之所見桃枝竹節短者不兼寸長者或踰尺豫章徧有之其驗不遠也恐爾雅所載草族自别有桃枝不必是竹郭注加竹字取之謬也山海經云其木有桃枝劒端又廣志層木篇云桃枝出朱提郡曹奭所用者也詳察其形寧近於木也但未詳爾雅所云復是何桃枝耳經雅所說二族决非作席者矣廣志以藻爲竹是誤後生學者往往有爲所誤者耳

伯緜既戮厥土維腥三堙斯沮尋竹乃生物尤世遠

略狀傳名

禹殺共工相繇二臣膏流爲水其處腥臊不植五穀禹三堙皆沮尋竹生焉在崑崙之北有嶽之山見大荒北經中

般腸實中與笆相類於用寡宜爲筍殊味

般腸竹生東郡緣海諸山中其筍最美云與笆竹相似出閩中並見沈志其形未詳

筋竹爲矛穪利海表槿仍其幹刃即其杪生於日南別名爲簝

筋竹長二丈許圍數寸至堅利南土以爲矛其筍未成竹時堪爲弩絃見徐忠南中奏劉淵林云夷人以史葉竹爲矛余之所聞即是筋竹豈

非一物而二名者也

百葉參差生自南垂傷人則死醫莫能治亦曰篣竹厥毒若斯彼之同異余所未知

百葉竹生南垂界甚有毒傷人必死一枝百葉因以爲名沈志劉淵材云篣竹有毒夷人以刺虎豹中之輒死或有一物二名未詳其同異

篃與由衙厥體俱洪圍或累尺篃實衙空南越之居梁柱是供

篃實厚肥孔小幾於實中二竹皆大竹也土人用爲梁柱篃竹安成以南有之其味苦俗號篃由衙竹交州廣志云亦有生於永昌郡爲物叢生吴郡賦所謂由衙者篁篃音眉性柔弱見二

竹之堪杖莫尚於筇磥砢不凡狀若人功豈必蜀壤亦產餘邦一曰扶老名實縣同

筇竹高節實中狀若人刻爲杖之極廣志云出南廣邛都縣然則邛是地名猶高梁堇張騫傳云於大夏見之出身毒國始感邛杖終開越巂越巂則古身毒也張孟陽云邛竹出興古盤江縣山海經謂之扶竹生尋伏山去洞庭西北一千一百二十里黃圖云華林園有扶老三株如此則非一處賦者不得專爲蜀地之生也禮記曰五十杖於家六十杖於鄉者扶老之器也此竹實既固杖又名扶老故曰名實縣同也

䈽䉬二族亦甚相似杷髮苦竹促節薄齒束物體柔殆同麻枲

䈽䉬二種至似苦竹而細軟肌薄䈽筍亦無味江漢間謂之苦䈽見沈志䈽音聊䉬音禮齒有又理也

蓋竹所生大抵江東上密防露下踈來風連畝接町竦散崗潭

蓋竹亦大薄肌白色生江南深谷山中不聞人家植之其族類動有頃畝與錄賀齊傳云討建安賊洪明於蓋竹蓋竹以名地猶酸棗之邑豫章之名邦者類是也

雞脛似篁高而筍脆稀葉梢杪類記黃細

雞脛篁竹之類纖細大者不過如指踈葉黄皮彊肌無所堪施筍美青班色緑沿江山崗所饒也

狗竹有毛出諸東裔物類衆詭千何不計

狗竹生臨海山中節間有毛見沈志

有竹象蘆因以爲名東甌諸郡緣海所生肌理匀淨筠色潤貞凡今之篪匪兹不鳴

此竹厪是蘆出楊州東垂諸郡淅江以東爲甌越故曰東甌蘇成公始作篪似於今篪故曰凡今之篪

會稽之箭東南之美古人嘉之因以命矢

箭竹高者不過一丈節間三尺堅勁中矢江南

諸山皆有之會稽所生最精好故爾雅云東南之美者有會稽之竹箭焉非總言矣大抵中矢者雖多此箭爲最古人美之以首其目見方言是以楚俗■伯細箭五十跪加莊王之背明非矢者也

箘簬載籍貢名荆鄙

箘簬二竹亦皆中矢皆出雲夢之澤禹貢篇出荆州書云底貢■名言其有美名故貢之也大較故是會稽箭類耳皮特黑澁以此爲異呂氏春秋云駱越之箘然則南越亦產不但荆也

簝亦箘徒概節而短江漢之間謂之䉶竹

山海經云其竹名簝生非一處江南山谷所饒

也故是箭竹類一尺數節葉大如履可以作篷
亦中作矢其筍冬生廣志云魏時漢中太守王
圖每冬獻筍俗謂之𥳇筍𥳇苦恠反
根深耐寒茂彼淇苑
北土寒冰至冬地凍竹根類淺故不能植准箴
根深故能晚生淇園衛地殷紂竹箭園也見
彪志淮南子曰烏號之弓貫淇衛之箭也毛詩
所謂瞻彼淇奧綠竹猗猗是也
䈽篠蒼蒼接町連篁性不卑植必也嵒嵒踰矢稱大
出尋爲長物各有用帚之最良
䈽篠中帚篙細竹也特異他篠見廣志至大者
不過如箭長者不出一丈根杪條等下節生椎

高陰動有町畝廬山所饒也掃箒之選尋陽人
往往取下都貨焉

又有族類爰挺嶧陽懸根百仞竦榦風生簫笙之選
有聲四方質清氣亮衆管莫伉

魯郡鄒山有篠形色不殊質特堅潤宜爲笙管
諸方莫及也笙賦云所謂鄒山大竹嶧陽孤桐
此山竹特能貞絶也

亦有海篠生於島岑節大盈尺榦不滿尋形枯若筋
色如黃金徒爲一異罔知所任

海中之山曰島山有此篠大者如筋内實外堅
拔之不曲生既危埇海又多風枝葉稀少狀若
枯筋質雖小異無所堪施交州海石林中徧饒

是也

赤白二竹還取其色白薄而曲赤厚而直沅澧所豐

餘邦頗植

頗少也俗曰白鹿竹亦可作簟潯陽郡人呼爲

白木竹燥時皮肉皆赤武陵溪中是所豐足也

肅肅䉲䈽黃夏攢植擢筍於秋冬乃成竹無大無小

千萬脩直簟幕內爲編文外絶

䉲䈽竹大如脚指堅厚脩直腹中白幕闌隔狀

如濕麵生衣將成竹而筍皮未落輙有細蟲齧

之隕籜之後蟲齧處往往成赤文頗似繡畫可

愛南康所生見沈志也

笟築誕節內實外澤作貢漢陽以供輅策

䈽篥竹生於漢陽時獻以爲鞍馬策見南郡賦
浮竹亞節虛軟厚肉臨溪覆潦栖雲蔭木洪笋滋肥
可爲旨蓄
浮竹長者六十尺肉厚而虛軟節闊而亞生水
次彭蠡以南大嶺以北徧有之其笋未出時掘
取以甜糟藏之極甘脆南人所重旨蓄謂草菜
甘美者可蓄藏之以候冬詩曰我有旨蓄可以
禦冬
厥性異宜各有所育䈽植于宛篥生于蜀
䈽竹見南郡賦篥竹見蜀都賦
細篠大簜
書云篠簜既敷鄭玄云篠箭簜大竹也

竹之通目玄名統體譬牛與犢人之所知事生軌躅

車迹曰軌馬迹曰躅

赤縣之外焉可詳録臆之必之匪邁伊矚

鄒子云今四海謂之瀛海瀛海之内謂之赤縣瀛海之外如赤縣者復有八故謂之九州非禹貢所謂九州也天地無邊蒼生無量人所聞見因軌躅所及然後知耳蓋何足云若耳目所不知便斷以不然豈非愚近之徒者耶故孔子將聖無意無必莊生達邁以人所知不若所不知豈非苞鑒無窮師表群生之謂乎

竹譜

竹譜詳錄

（元）李　衎　撰

《竹譜詳録》，（元）李衎撰。李衎（一二四四——一三二〇），字仲賓，號息齋道人，元大都（今北京）人，官至集賢殿學士。擅長畫竹，繼承宋代文同、金代王庭筠等畫竹名家的傳統，遍遊東南地區産竹之地，又出使交趾（今越南），深入觀察竹子的生長狀况，得畫竹之『理』。傳世作品有《竹石圖》《雙勾竹圖》等。

該書分文和圖兩個部分，包括息齋自序、總叙、竹品譜等内容。其中『竹品譜』描述了全竹品、異形品、異色品、神異品、似是而非竹品、有名而非竹品等六品竹，共包含三百七十四個品種的竹子。還按照品種的不同記載了各類竹的品種、産地、生態、用途等，處處附有插圖，畫譜結合，圖文並茂，是研究竹子的重要文獻。

現存版本包括《知不足齋叢書》本，爲清乾隆四十一年（一七七六）長塘鮑氏刊本，現藏於安徽省圖書館。此外日本國會圖書館白井文庫藏有日本寶曆六年（一七五六）大阪梁瀨傳兵衛等刊本，兩册，白井文庫同時也藏有全七卷的寫本。今據南京圖書館藏抄本影印。

（何彦超　惠富平）

竹譜詳錄

息齋道人薊丘李衎述

予昔見人畫竹嘗從旁窺其筆法始若可喜旋覺不類輒歎息捨去不欲觀之矣如是者凡數十輩後得澹游先生所畫迥然不同遂願學焉已而溯求其源澹遊本學於乃翁黄華老人老人學文湖州是時初聞湖州之名二老遺墨皆未之見後從喬仲山秘書觀黄華横幅一枝數葉倚石蒼疑澹游差不逮也甚欲取以為法而無自得之或云黄華雖宗文每燈下照竹枝模影寫眞宜異乎常人之為者澹游特枯讀

父書而已不必學也予深以為然又念東坡山谷二公洎宋金兩朝名士讚美文湖州之筆與造物比尤以不即快覩為恨至元乙酉來錢塘始見十餘本皆無足起予者妄謂蘇黄之評幾於私其交親後賢未免隨聲附和要當以黄華澹游定優劣耳邂逅友人王子慶極談兹事子慶曰君殆未見眞蹟前輩不輕推許也予曰近屢見之矣大書題識寧盡僞耶子慶曰非僞而何予茫然自失猶疑子慶立論之偏漫詰之曰若嘗見中州黄華老人所作乎子慶曰黄華之作吾固未見湖州之作君又未之見也何能與君決

是非府史某人者藏本甚真明日借來以自定其品
第可乎越宿子慶果携過予則一幅五挺濃淡相依
枝葉間錯折旋向背各具姿態曲盡生意如坐渭川
淇水間方以前輩議論爲無愧黄華誠有取乎此而
照影之語未詳自悔聞見寡陋若子慶之博識不可
及也屬以善價致之猶蕲用油紙臨摹持歸維揚明
年四月重來或出此見售遂酬以二十五劵欣然慰
滿平生矣自是連得三本悉棄故習壹意師之日絫
月積頗似悟解好事者往々徵索流播漸廣謬相肯
可獨鮮于伯幾父謂以墨寫竹清矣未若傳其本色

之為清且眞也強予用墨竹法加青緑畫成雖粗可觀終非合作將復討論其說而俗工咸不足問追尋近古得王右丞開元石刻屢經模勒失眞又得蕭協律筍竹圖絹素靡潰筆蹤慘淡方謀對本臨倣偶故人劉伯常過予曰吾舊藏李頗叢竹圖已久知君酷好輟以為贈二圖俱宣和故物而頗尤尊美後來無出其右者於是又得畫竹法蓋自唐王右丞蕭協律僧夢休南唐李頗宋黃筌父子崔白兄弟及吳元瑜以竹名家者纔數人右丞妙蹟世罕其傳協律雖傳昏腐莫辨夢休疎放流而不反自蜀方外黃氏神而

不似崔吳似而不神惟李頗形神兼足法度該備所謂懸衡衆表龜鑑將來者也墨竹亦起於唐而源流不審舊説五代李氏描窗影始倣之黄太史疑出於吳道子畫評云寫竹於古無傳自沙門元靄及唐希雅董羽輩始為之唱舊説郭崇韜夫人李氏月夜模影竹總是後往、有效之者廣畫集載孫位松石墨竹又成都大慈寺灌頂院有張立墨竹畫壁孫張皆晚唐人蜀中皆有墨竹乃知非元靄輩唱始亦不始於李夫人也山谷黄太史云墨竹起于近代不知其所師承初吳道子作畫竹加月青已極形似意墨竹之師近出於此：論宜有所据故敢取以為證云迨至宋朝作者寖盛文湖州最後出不異杲日升空爝火俱息黄鍾一振瓦釜失聲豪雄俊偉如蘇公猶終身北面世之人苟欲游心藝圃之妙可不知

所法則予畫竹師李墨竹師文刻鵠類鶩予知愧矣
幸際
熙朝文物興起生
輦轂之下藹薦紳之列薄宦驅馳辱徧交賢士大夫
講聞稍詳且竭餘力求購數年於墨竹始見黄華老
人又十年始見文湖州又三年於畫竹始見蕭李得
之如此其難也彼窮居僻學當何如耶退唯嗜好迂
疎久乃彌篤
天成其志行役萬餘里登會稽歷吳楚踰閩嶠東南
山川林藪游涉殆盡所至非此君者無與寓目凡其

族屬支庶形色情狀生聚榮枯老稚優劣窮諏熟察曾不一致往歲伏國威靈遠使交趾深入竹鄉究觀詭異之産於焉辨析疑似區别品彙不敢盡信紙上語焦心苦思參訂比擬嗒忘予之與竹自謂略見古人用意妙處求一藝之精信不易矣調賦爲雕篆必非壯夫爾雅註蟲魚安能磊落區區繪事之末固應獻笑大方之家以予夙性好之樂之積習成癖尚恐世有與予同病者去古寖遠未得其傳悉取李頗文湖州兩家成法寫予疇昔用力而得之者與夫命意位置落筆避忌之

類一一詳疏卷端無所隱秘庶幾後之君子一覽靡遺憾焉

畫竹譜

文湖州枝東坡訣云竹之始生一寸之萌耳而節葉具焉自蜩腹蛇蚹至於劍拔十尋者生而有之也今畫竹者乃節〻而為之葉〻而累之豈復有竹乎故畫竹必先得成竹於胸中執筆熟視乃見其所欲畫者急起從之振筆直遂以追其所見如兔起鶻落少縱則逝矣坡云與可之教予如此予不能然也夫既心識所以然而不能然者內外不一心手不相應不

學之過也且坡公尚以為能然者不學之過況後之人乎人徒知畫竹者不在節節而為葉葉而累抑不思胸中成竹從何而來慕遠貪高踰級躐等放弛情性東抹西塗便為脫去翰墨蹊徑得乎自然故當一節一葉措意於法度之中時習不倦真積力久至於無學自信胸中真有成竹而後可以振筆直遂以追其所見也不然徒執筆熟視將何所見而追之耶苟能就規矩繩墨則自無瑕纇何患乎不至哉縱失於拘久之猶可達於規矩繩墨之外若遽放逸則恐不復可入於規矩繩墨而無所成矣故學者必自法度中

来始得之畫竹之法一位置二描墨三承染四設色五籠套五事殫備而後成竹粘幀礬絹本非畫事茍不得法雖筆精墨妙將無所施故併見附於此

粘幀先須將幀榦放慢靠墻壁頓立平穩熟煑稠麵糊用棕刷〻上看照絹邊絲縷正當先貼上邊再看右邊絲縷正當然後貼上次左邊亦如之仍勿動直待乾徹用木楔楔緊將至一邊用鍼線密縫箭棹許一杖子次用麻索網羅綳緊然後上礬畢仍再緊之

礬絹不可用明膠其性太緊絹素不能當久則破裂

須紫色
膠為妙春秋隔宿用温水浸膠封蓋勿令塵土得入明日再入沸湯調開勿使見火見火則膠光出於絹上矣夏月則不須隔宿冬月則浸二日方開別用淨磁器注水將明淨白礬研水中嘗之舌上微澀便可太過則絹澀難落墨仍看絹素多少斟酌前項浸開膠礬水相對合得如淡蜜水微温黄色為度若夏月膠性差慢頗多亦不妨再用稀絹濾過用刷上絹陰乾後落墨近年有一種油絲絹并藥粉絹先須用熱皁莢水刷過候乾依前上礬

一位置須看絹幅寬窄橫豎可容幾竿根梢向背枝葉遠近或榮或枯及土坡水口地面高下厚薄自意先定然後用朽朽下再看得不可意且勿着筆再審看改朽得可意方始落墨庶無後悔然畫家自來位置為最難蓋凡人情尚好才品各〻不同所以雖父子至親亦不能授受況筆舌之間豈能盡之惟畫法所忌不可不知所謂衝天撞地偏重偏輕對節排竿鼓架勝眼前枝後葉此為十病斷不可犯餘當各從己意

衝天撞地者謂梢至絹頭根至絹末 阨塞塡滿者

偏輕偏重者謂左右枝葉一邊多一邊偏少不停趂者對節者謂各竿節節相對

二描墨握筆時澄心靜慮意在筆先神思專一不雜不亂然後落筆須要圓勁快利仍不可太速速則失勢亦不可太緩緩則凝濁復不可太肥肥則俗惡又不可太瘦瘦則枯弱起落有准的來去有逆順不可不察也如描葉則勁利中求柔和描竿則婉媚中求剛正描節則分斷處要連屬描枝則柔和中要骨力詳審四時榮枯老嫩隨意下筆自然枝葉活動生意具定若待設色而後成竹則無復

有畫矣

三承染最是緊要處須分別淺深翻正濃淡用水筆破開時忌見痕蹟要如一段生成發揮畫筆之功全在於此若不加意稍有差池即前功俱廢矣法用番中青黛或福建螺青放盞内入膠殺開慢火上焙乾再用指面旋點清水隨點隨殺不厭多時愈殺則愈明淨看得水脈着中蘸筆承染嫩葉則淡染老葉則濃染枝節間深處則濃染淺處則淡染更在臨時相度輕重

四設色須用上好石綠如法入清膠水研淘作分五

等除頭緑麄惡不堪用外二緑三緑染葉面色淡者名枝條緑染葉背及枝榦更下一等極淡者名緑花亦可用染葉背枝榦如初破籜新竹須用三緑染節下粉白用石青花染老竹用藤黄染枯竹枝榦及葉梢笋籜皆土黄染笋籜上斑花及葉梢上水痕用檀色點染此其大略也若夫斟合淺深斟酌輕重更在臨時

調緑之法先入稠膠研匀别煎槐花水相輕重和調得所依法濡筆須輕薄塗抹不要厚重及有痕迹亦須嵌墨道遏截勿使出入不齊尤不可露白

若遇夜則將綠盞以盡水出膠了放乾明日更依
前調用若只如此經宿則不可用矣
五籠套此是畫之結裹尤須縝密後設色乾了子細
看得無缺空漏落處用乾布淨巾着力拂拭恐有
色脱落處隨便補治勻好 除葉背外皆用草汁籠
套葉背只用澹藤黄籠套
草汁之法先將好藤黄浸開却用殺開螺青汁看
深淺對合調勻便用若隔夜則不堪用若暑月則
半日即不堪用矣

墨竹譜

墨竹位置一如畫竹法但幹節枝葉四者若不由規矩徒費工夫終不能成畫矣凡濡墨有深淺下筆有重輕逆順往來須知去就濃淡麁細使見榮枯乃要葉葉著枝枝枝着節山谷云生枝不應節亂葉無所歸須一筆〻有生意一面〻得自然四面團欒枝葉活動方為成竹然古今作者雖多得其門者或寡不失之於簡略則失之於繁雜或根幹頗佳而枝葉謬誤或位置稍當而向背乖方或葉似刀截或身如板束麁俗狼籍不可勝言其間縱有梢異常流僅能盡美至於盡善良恐未暇獨文

湖州挺天縱之才比生知之聖筆如神助妙合天成馳騁於法度之中逍遥於塵垢之外縱心所欲不踰準繩故一依其法布列成圖庶後之學者不陷於俗惡知所當務焉

一畫竿若只畫一二竿則墨色且得從便若三竿之上前者色濃後者漸淡若一色則不能分別前後矣然後梢至根雖一節〻畫下要筆意貫穿梢頭節短漸〻放長比至節根漸〻放短每竿須要墨色勻停行筆平直兩邊如界自然圓正若擁腫偏邪墨色不勻間麄間細間枯間濃及節空勻長勻

短皆文法所忌斷不可犯頗見世俗用蒲絟榥皮或疊紙濡墨畫竿無問根梢一樣麄細又且板平全無圓意但堪發笑學者切忌不宜倣效

二畫節立竿既定畫節爲最難上一節要覆蓋下一節下一節要承接上一節中間雖是斷離却要有連屬意上一筆兩頭放起中間落下如月少彎則便見一竿圓混下一筆看上筆意趣承接不差自然有連屬意不可齊大不可齊小齊大則如旋環齊小則如墨板不可太彎不可太遠太彎則如骨節太遠則不相連屬無復生意矣

三畫枝各有名目生葉處謂之丁香頭相合處謂之雀爪直枝謂之釵股從外畫入謂之垜疊從裏畫出謂之迸跳下筆須要遒健圓勁生意連綿行筆疾速不可遲緩老枝則挺然而起節大而枯瘦嫩枝則和柔而婉順節小而肥滑葉多則枝覆葉少則枝昂風枝雨枝觸類而長亦在臨時轉變不可拘於一律也尹白鄆王隨枝畫斷節既非文法今不敢取

四畫葉下筆要勁利實按而虛起一抹便過少遲留則鈍厚不銛利矣然寫竹者此爲最難虧此一功

則不復為墨竹矣法有所忌學者當知麤忌似桃細忌似柳一忌孤生二忌並立三忌如乂四忌如井五忌如手指及似蜻蜓翻正向背轉側低昂雨打風翻各有態度不可一例抹去如染皁絹無異也

竹態譜

凡

欲畫竹者先須知其名目識其態度然後方論下筆之法如散生之竹竿下謂之蠶頭蠶頭下正根謂之菊又名旁旁引者謂之邊或謂之鞭節間乳贅而生者謂之須旁根生時謂之行邊〻根出筍

謂之僞筍又名二筍叢生之竹根外出者謂之蟬肚根竹下插土者謂之鑽地根凡竹從根倒數上單節生枝者謂之雄竹雙節生枝者謂之雌竹或云從下第一節生單枝者謂之雄竹生雙枝者謂之雌竹生長挺〻然者多筍〻初出土者謂之萌又名蘖又名篌下巧反又名竹胎稍長謂之牙漸長名茁又名箈徒改反又音臺又名子又名苞又名箘過母名篧音官別稱曰籜籠曰錦繃兒曰玉版師蔀葉謂之苞籜又名簬解籜謂之篛半筍謂之初篁梢葉開盡名箷方為成竹竹榦謂之竿〻中之水結而

為膏曰黄竿上之膚曰筠竹之皮曰箟武盡反刮下青皮謂之茹火燒謂之簇火燒出汗謂之瀝竹之節曰箹乙孝反竹列謂之笐竹葉謂之箘尹涉反竹葉下垂曰箬箬竹枝謂之夭篇竹花謂之箮虛元反又名華草又名箙音福竹實謂之練實竹有病謂之篵二公反竹枯換根謂之箹竹枚謂之箇積竹曰攢批條曰篾編而為尾曰籚殺青而尺截曰簡聯簡曰策熨而為版曰牒音業竹貌謂之蓊上聲竹聲謂之劉去聲竹色謂之蒼筤竹態謂之嫿娟竹深謂之薆竹得風其體夭屈謂之笑生而曲曰篕弱曰篛上聲此

其名目之大略也若夫態度則又非一致要辨老嫩榮枯風雨明晦一一樣態如風有疾慢雨有乍久老有年數嫩有次序根榦筍葉各有時候今姑從根生筍長至於生成壯老枯瘁風雨疾乍各〻態度依式圖列如左雖未能悉備抑亦可見其梗槩用資初學不為達者設也

竹根二種 凡散生之竹類先一年行根而敷生次年出筍而成竹叢生之類不待行根而頻年出筍成竿然須至次年方成枝葉也

一散生之竹 根皆橫生而長如筀竹淡竹甜竹描頭竹白竹篌竹水竹觔竹窈竹篛竹浮竹江南竹雙

葉竹鳳尾竹龍須竹寸金竹雪竹篠竹箪竹篻竹

廣竹之類是也

一叢生之竹根皆叢生而下短如苦竹慈竹簧竹桃竹枝竹蕩竹刺竹由衙竹篔竹釣絲竹之類是也竹之為物非草非木不亂不雜雖出處不同蓋皆一致散生者有長幼之序叢生者有父子之親密而不繁疎而不陋沖虛簡靜妙粹靈通其可比於全德君子矣畫為圖軸如瞻古賢哲儀像自令人起敬慕是以古之作者於此亦盡心焉

竹譜

（清）陳鼎撰

《竹譜》，（清）陳鼎撰。陳鼎，字定九，康熙年間生，江陰周莊鎮陳家倉（現周西村）人。少年時曾經隨其叔父遠赴雲南，長期生活於雲貴高原，考察西南少數民族地區的風俗民情，對雲南、貴州一帶的地理、歷史以及物産情況很有研究。後返回周莊定居，死後葬於砂山五峰頂北麓。主要著作有《滇黔土司婚禮記》《黔遊記》《東林列傳》《留溪外傳》《荔枝譜》《竹譜》等。

該書共一卷，對西南地區六十種奇異竹種進行了詳細的叙述，《四庫全書總目》稱其『記竹之異者凡六十條』。如記載回春竹『産嶰谷中，作笛吹之，能回寒谷』；『孝子竹，江南北俱産，但種不多』等。除能一一記明産地外，還能根據其功用等要素描述特徵。除了記載西南地區的奇異竹種外，書中也叙述了朝鮮的龜脚竹、安南的珊瑚竹、占城的九曲竹、真臘的歌畢陀竹等。

版本有《昭代叢書》本，清道光十三年（一八三三）吴江世楷堂刻印。今據清道光十三年沈氏世楷堂刻《昭代叢書》本影印。

（何彦超　惠富平）

竹譜題辭

儕于植物之中而超乎草木藤蘿之外者聿惟竹古人用以比君子焉其爲物也雖在童稚翛然有凌霄之姿是以一歲卽與母齊能屈能伸而不改其節晉王子猷謂不可一日無此君每到一處卽令種竹則甚矣竹之可貴也顧其爲類也繁世人耳目囿于一方少所見遂不免多所怪與之談異物輒相與目笑之不知天下之大何所不有安得以一人之識遂謂世無斯物耶

今天子性愛修竹

御製竹賦一篇喬喬皇皇非臣下所能彷彿蓋不獨愛其形兼愛其德也陳子定九所著竹譜考其名目約五六十種無論今古凡竹之異者悉載焉予受而讀之如數頃琅玕森然在目如渭川千畝坐享侯封使我得遇此君數輩便當把臂入林矣定九具文武才竹亦具文武才以之削簡其文也以之作箭其武也然則定九之譜斯竹也其殆自爲寫照也夫歙縣

張潮題

欽定四庫全書總目

竹譜一卷

國朝陳鼎撰鼎有東林列傳已著録此書記竹之異者凡六十條

欽定四庫全書

乙四十卷

一

昭代叢書乙集卷四十九

歙縣 張潮山來 輯
吳江 沈楙惪翠嶺 校

竹譜

江陰陳鼎定九著

回春竹

産嶰谷中作笛吹之能回寒谷陽春節長而葉大青葱如碧玉擲地有金聲然易碎墜地無不破者嗟乎物之美者固易於摧折耶今嶰谷久已絶種安得復

生于萬箇作笛千萬枝令知音者吹之俾大地無日不陽春也

孝子竹

江南北俱產但種不多歲兩產筍夏則生母竹中不欲蔽母竹涼風也冬則產母竹外恐寒風攻母竹也土名孝順竹嗟乎物無情者也有冬溫夏凊之意可以人而不如竹乎

忠臣竹

產荆州公安縣寇萊公祠前又呼爲萊公竹相傳寇

萊公謫雷州卒歸葬西京道出公安邑人祭而哭之插竹地上以掛楮幣逾月枯竹盡活歲餘筍成林人以爲忠貞之感故名

君子竹

産渭川每千竿必有一竿高出羣竹之上迥然獨立如雞羣鶴焉以異於衆竹故名君子嗟乎渭川千畝竹不知其幾千萬竿也然每千竿必有一君子令天下大矣兆庶如林竟無一君子何哉豈人而不如草木耶悲夫聖人吾不得而見之得見君子者斯可矣

對斯竹也能無君子之思乎筍甘香如桂馥

王侯竹

產江浙色如黃玉節高而葉細質最堅筍甘此竹植衆竹中衆竹即不茂衆竹植此竹中亦即不活有王侯獨尊之象焉

方竹

產山東登州堅勁可作杖天台山中亦產然堅勁不如登州而青翠過之湖廣岳州君山亦產則皆柔軟而長者矣此竹實多虛少

碧天霞

產廣東儋州節長三尺大不過錢圍葉亦長二三尺其色如雨過天青

鳳尾竹

產海南崖州竹梢如鳳尾葉類鳳毛故邱瓊山有月落斜穿金鳳毛之句

羅浮竹

產羅浮山長十餘丈每節長丈餘大徑尺有五色蝴蝶大如箕育子於葉

符篆竹

亦產羅浮竹小而葉大有文如篆若蟲蝕然土人謂之竹葉符

玳瑁竹

產廣西近交趾地幹色如玳瑁明亮直透於內筍味甘籜亦斑斑可愛

太史竹

產將樂縣土人搗以作紙極潔號曰玉版筍味苦不堪食以其可作紙故名太史

展誥竹

閩粤俱有此竹其形如展誥軸狀又若手卷從兩頭卷合者然背圓而面凹大者可作筆桶置之案頭極文雅

龍頭竹

産山左登萊山中華山巴蜀亦有之根狀龍頭腹實止通一綫堅勁可作杖

高蓋竹

産貴州貴筑土司中長三丈下無枝葉及頂方生枝

葉亭亭如蓋

燕來竹

吳下極多此湩筍最早燕子來時即生矣味甘脆可餐與護基竹性相近此二竹最易盛每植一二株三年成林

龍尾竹

産瓊州五指山中高十餘丈大如拱土人鋸節作水桶及盛酒之用其梢枝葉不散狀如龍尾故邱瓊山有兩餘倒拔蒼龍尾之句

香沙竹

産臺灣雞浪山中最長大葉黃而幹赤土人采以作屑爲香焚之臭如栢子

合歡竹

兩竹並生節節相對無毫末參差伐其一則其一必槁土人呼爲鴛鴦竹廣西潯州山中最多

桃笙竹

産四川保寧郡萬山中節高而皮軟殺其青可作簟暑月寢之無汗故人呼簟爲桃笙以竹名也

篔簹竹

産川廣之交茅隆山中青圓堅潔風來相戛聲如鳴玉開紫花結實如菽即鳳鳥以爲餱糧者也嗟乎鳳鳥久不至矣此竹結實何爲

美人竹

産中州伊洛之間幹扁而色青筍亦甘香可啖葉如柳葉狀美人之眉故以美人呼之植之曲檻月下風前楚楚可愛當秋宵春晝焚香獨對如擁十二金釵呼之欲應

錦竹

産鄖陽竹山縣山中房山山中亦有之幹文如錦陸離可愛葉長尺許可爲笠

湘妃竹

相傳舜崩蒼梧二妃追至哭帝極哀淚染於竹故斑斑然如淸淚痕也有數種最佳者其文如螺旋而色紫不文處則碧如玉永州最多湖南諸郡俱有又名瀟湘竹

昭君竹

產歸州昭君故居凡竹至秋冬雖不凋然老葉必黃落惟此竹之葉如不生新即不脫故經年如是嗟乎豈與塞外塚草青青同一勁耶

綿竹

產貴州鎮遠山中堅圓勁直狀如陽羨牙竹然曲之可爲柖捲束縛經歲縱之挺然復直嗟乎此竹不當以綿稱合以剛字之斯可矣

箭竹

細如箭桿堅勁而直可爲箭蓋竹材之最良者也貴

州鎮遠山中頗多雲南楚雄麗江諸郡亦產江右撫州雲谷產者更佳附以利鏃能洞甲

龜腳竹

產朝鮮國山中其葉如龜腳幹上之紋亦然其色蒼黑而微綠

珊瑚竹

產安南國三江府天琹山中無葉有枝如鹿角色赤如珊瑚至冬則色黑立春又赤苗人以之紀歲

九曲竹

産占城國不勞山中其幹九曲枝亦然葉叢生亦九備五色

歌畢陀

歌畢陀眞臘國竹也長數丈大如斗葉長七尺闊五尺厚寸許國人采葉作舟以渉水

天耳竹

即黃斑竹産滇中蒙化府天耳山故名相傳郡城人凡有計畫語言雖甚秘山中即有人傳以山有此竹故也截一管附耳可聞十里外蒼蠅聲

芭蕉竹

本如芭蕉下大上小葉亦如之色亦然笋甘香可啖出緬甸國土人取其竹作瓮實米於中煨之以火竹焦而飯熟清香可餐其葉亦可作紙苗人以之書爽文

釣絲竹

産廣西潯州府山中其枝若素絲下垂葉綴於巔如鮖魚吞餌葢葉白而尾赤也

笳竹

産粤西平樂府華蓋山中恭城富川永安昭平處處有之其小如筯堅潔如象牙作筯甚隹

布竹

産粤東韶州府仁化縣節長數尺土人采以捶碎漬軟取絲爲布暑月可代絺綌但不耐久

燈絲竹

産温州削爲絲条如線可織燈故名笋生三年始成竹又名千日竹

玉版竹

產江右吉安府白鷺洲皮潔如玉而笋味甘香亦如
玉版成竹青青可愛

實心竹

贑州南安兩郡萬山中俱產內堅實不虛可作戈戟
桿勁直有力不撓不屈

紅斑竹

亦產江廣之間閩服亦有其斑處色如丹砂質如黃
玉笋味辛食之令人不强

夫人竹

産漢陽桃花洞息夫人祠側伐竹忌男子持斤男子持斤伐之則竹寸寸裂女子伐之則完君子曰竹之貞者也宜以夫人呼之

蘄竹

産黄州府各屬俱有而蘄州者爲第一有三絶之稱色瑩者爲簟節疎者爲笛帶鬚者爲杖

羅漢竹

産天全六番打尖鑪地方大如斗一本而上分數幹凡竹無旁幹惟此竹如樹

桃絲竹

產兩廣交趾地其竹本大如斗色如墨葉亦然與椶竹相類但有大小之殊耳可爲盤爲單持爲筆筒爲酒注爲茶甌爲刀劍握

紫斑竹

產長河篬筤谷及秦人三洞其斑紫其質白可爲笛聲異凡竹

細腰竹

產岳州華容平江澧州其節處大如本如麗人細腰

狀豈楚王宮中諸姬魂魄所化耶鍛其青為簟卧之奪夏月暑

龍鬚竹

龍鬚竹産衡岳岣嶁峰枝上生細絲如鬚長七八尺狀如龍髯下垂

淚痕竹

即湘妃竹也道州斑竹巖産者勝於他産斑處紋細如髮作螺旋形或曰道州斑竹巖笋鬆脆甘香迥出尋常

酒注竹

産四川保寧郡巴州境竹根大如甕而本細如指取其根作酒注如兒觥然飲之有清芬氣

笻竹

産四川敘州烏蒙黎州眉州雅州邛州簷筤邛筰諸山俱有皆可爲杖以其堅潔也

桃竹

桃竹狀如桃枝幹皮葉皆類桃但有節中空産瀘川州江心蟠石者佳可爲杖

黑斑竹

黑斑竹其斑處如黑漆有光可鑑人葉大如掌色藍質色微黃遵義府碧雲峰中極多

白斑竹

白斑竹斑處如羊脂素玉其質則如丹砂葉細類松針産眉州息臺岾[illegible]諸山

月月竹

月月竹月一生筍歲十二次逢朔則筍生晦日則籜脫盡而葉舒矣産嘉定州有堯階蓂莢之義

刺竹

刺竹枝幹葉俱有刺如荆棘然産四川烏撒土司中苗人取置倉廩及牀頭鼠遭刺即斃故鼠聞其氣即不敢來又名鼠畏又名貓子竹

苦竹

苦竹閩廣黔滇楚蜀諸山俱有之質甚青葱而爭味苦不可口然土人煮去苦水和肉炙之可祛暑清火蜀之永寧者最苦竹梢露滴處百草不生苦亦甚矣其葉煎湯治火症與淡竹葉竹瀝同功

綠斑竹

產四川平茶洞土司中其斑處色綠其質如墨葉亦黑如漆儼然文與可管夫人畫竹也

長枝竹

閩中通省產竹無他異也惟是枝長於榦下覆於地不見本取其木鍛爲絲可作器

朱竹

葉赤質亦然筍味甘香瓊州頗多東甌雁蕩山中者色如渥丹每曉霞相射紅映數里

萬王竹

産湖廣柳州桂東縣萬王城中萬王不知何代人相傳曾寓此城階砌尚存砌旁修竹數竿至今鬱然每旱自仆掃其地而復立故土人呼爲萬王竹

跋

先贈公喜畫竹閒先君言皆屬友人攜去余嚮藏弆一幀在里中爲祖龍所劫今讀此帙益深我手澤之感矣心齋張潮

桐譜

(宋)陳翥撰

《桐譜》，（宋）陳翥撰。陳翥（九八二—一〇六一），字子翔，號虛齋、咸聱子、桐竹君，江東路池州銅陵縣（今安徽銅陵）人。年輕時曾有躋身科舉的願望，四十歲後，『志願相畔，甘爲布衣，樂道安貧』，耕讀不輟。六十歲後在家中山地種植桐樹（泡桐）數百株，進行專門研究。除悉心鑽研前人的有關著作外，還『召山叟，訪場師』，尤其注重實踐經驗的總結，於北宋皇祐年間（一〇四九—一〇五三）撰成《桐譜》，另著有天文、地理、儒釋、農醫卜算等著作共二十六部一百八十二卷。

全書一卷，共十篇，約一萬六千字。分別是叙源、類屬、種植、所宜、所出、采斫、器用、雜説、記志、詩賦。其中前四篇和『采斫』『器用』篇主要講述桐樹的種植利用，『所出』『雜説』篇是關於桐樹産地和有關桐樹史料的輯録；『記志』篇包括《西山植桐記》和《西山桐竹志》兩篇文章，基本上是關於作者自己在西山從事桐樹生産和研究經歷的記述；『詩賦』篇包括《西山桐詩》十二首（今各本缺二首）和《桐賦》一文，按照其性質來説是陳氏『借詩以見志』之作，但就其内容來説是關於自己種植桐樹的真實記録，包含了較多的科學見解。

該書對桐樹的分類、生物學特性、栽培技術、桐樹材質以及桐樹利用等方面都作了認真研究和詳細總結，是中國最早的桐樹科技著作。

該書有清順治三年（一六四六）宛委山堂刻本，收藏於華南農大農史室；叢書本包括《説郛》《唐宋叢書》《適園叢書》《叢書集成》等版本。今據國家圖書館藏抄本影印。

（何彦超　惠富平）

桐譜序

古者紀勝之書今絶傳者獨齊民要術行于世雖古今之法小異然其言亦甚詳矣雖茶有經竹有譜吾皆略而不具吾植桐于西山之南乃述其桐之事十篇作桐譜一卷其植桐則有記誌存焉聊以示於子孫庶知吾既不能干祿以代耕亦有補農之說云耳皇祐元年十月七日夜錮（銅）陵逸民陳翥子翔序

桐譜目録

桐譜總目　畢

桐譜卷上

銅陵逸民陳翥子翔著

叙源第一

桐，柔木也。月令曰：清明桐始華。又呂氏曰：季春月記云桐始華。高誘曰：桐，梧也。是月生葉，故云始華。爾雅釋木曰：桐。又曰：榮，桐木。郭璞云：即今梧桐也。疏引詩大雅云：梧桐生矣，于彼朝陽是也。書云：嶧陽孤桐。釋木所謂觀榮者，乃桐之一木耳。古詩云：椅桐傾高鳳。又曰：井梧棲彩鳳。故詩書或稱桐，或云梧，或曰梧桐，其實一也。初生葉脆而易長，一年可聳七八尺，更糞之，圍五六寸，萌子來代之。巨椿者，或可尺圍，耗其萌。至二月三月芳漸，面陽者尤早，背陰差遲。其枝榦濡脆而嫩，又空其中，皮膚柔薄，易爲風物所傷，必須成氣而後花。是故稚嫩者先榮其葉，茂盛者先榮其花。花有先後，先者未有葉而開，自春徂夏，迺結其實，實如亂尖，長而成穟，莊子所謂桐乳致巢是也。後者至冬葉脱盡後始開，秀而不實，其蕋萼亦小於先時者。是知桐獨受陰陽之淳氣，故開春冬之兩花，而異於群木也。其葉味苦寒，無毒，主惡蝕瘡著陰。皮主五痔，殺三蟲，療賁㹠氣病。其花飼豬，肥大三倍。然其皮葉亦有效於人也。或者謂鳳凰非梧桐而不棲，且衆木森森，胡有不可止者，豈獨梧桐乎？荅曰：夫鳳凰，仁瑞之禽也，不必强惡之木。梧桐，葉軟之木也，皮理細膩而脆，枝榦扶踈而軟，故鳳凰非梧桐而不棲也。又生於朝陽者，多茂盛，是以鳳喜集之，即詩所謂梧桐生矣于彼朝陽鳳凰鳴矣于彼高岡者也詩稱椅桐梓漆後之人不別椅桐之異以爲是一木故古詩云椅桐傾高鳳嵇叔夜琴賦云惟椅桐之所生注云椅梧桐也又陶隱居云白桐一名椅桐是也不知椅與桐別耳故毛傳云椅梓屬也孔氏引釋木云椅梓舍人曰一名椅郭云即楸也湛露曰其桐椅既爲類而梓一名椅故云椅桐爲梓屬言梓屬則椅梓別而釋木椅梓爲一者陸云梓者楸之疏理白色而生子者梓實桐皮椅則大類桐而小別也定本椅梓屬無桐字於理是也是知椅與桐非一木也夫桐之爲木其異於群類卓矣生則肌骨脆而嫩死則材體堅而韌燥之所加而不坼裂濕之所漬而不敗腐雖松栢有淩霄冒雪之姿苟就以燥溼則與朽木無異耳王氏謂受氣淳矣真不虛也於桐可獨見之矣其體溼則愈重乾則愈輕生時以斧斫之甚易乾乃軟而拒斧故鄙諺云輕是桐重是銅難爾是桐此之謂也

類屬第二

桐之類非一也今畧志其所識者一種文理麤而體性慢葉圓大而尖長光滑而毳稚者三用因子而出者一年可接三四尺由根而出者可五七尺已伐而出於巨椿者或幾尺圍始小成條之時心葉皆茸毳而嫩皮體清白喜生于朝陽之地其花先葉而開白色心赤內凝紅其實纔先長而大可圍三四寸內爲兩房房中有肉肉上細白而黑點者即

其子也謂之白花桐一種文理細而體
性緊葉三角而圓大於白花花葉其色
青如上多毛而不光滑葉且硬文微赤
擎葉柄毛而亦然多生於夕陽之地其
盛茂抜但不如白花者之易長也其花
亦先葉而開皆紫色而作穟有類周藤
花也其實亦穟如乳而微尖狀如訶子
而粘莊子所謂桐乳致巢正為此紫花
桐實而中亦兩房中與白花實相似但
小也謂之紫花桐其花亦有微紅而黄
色者盖亦白花之小異者耳凡二桐皮
色皆一類但花葉小異而體性緊慢不
同耳至八月俱復有花花至葉脫盡開
如作微黄色今山谷平原間惟有白花
者而紫花者尤少焉一種枝幹花葉與
白桐花相類其聳拔差小而不倖其實

末而圓一實中或二子或四子可以取
油為用今山家多種成林盖取子以貨
之也一種文理細緊而性善裂身體有
巨刺其形如穠樹其葉如楓多生于山
谷中謂之刺桐晉安海物異名志云刺
桐花其葉冊其枝有刺云凡二桐者雖
多榮茂而其材雖可入器用亦不為工
匠之所詹顧也一種枝不入用身葉俱
消如掾之初生今兼并之家或行植于
階庭之下門墻之外亦名倍桐有子可
噉與詩所謂梧桐者非矣一種身青葉
圓大而長高三四尺便有花如真紅色
甚可玩愛花成朵而繁葉尤疎宜植于
階壇庭榭以為春秋之榮觀厥名貞桐
赤曰頳桐焉凡二種雖得桐之名而無
工度之用且有近貴色也

種植第三

凡種其子當先糞其地然後匀散之一春可高三四尺瘠地只一二尺耳土膏腴則莖葉青嫩而烏黑土瘦薄則成蒼黄之色至冬便可易而植之易之則獨根者不深而又易蔓當從而不易至大則多爲疾風之所倒折以其一根不能自持故也凡桐之子輕而善飈如柳絮飛可一二里其子遇地熟則出在林麓間則不生矣夫種子所長猶遲不如倒條壓之覆以肥土自然節節生條而上有多散根侯根莖大斷而植之勝於種者又下子之地宜高厚之處但汚則不萌矣或要其栽之速者當於桐處耕鉏其下使蔓根可斷則其根斷自萌而茂於子種者又相倍矣凡植之法於十月十一月十二月正月葉隕汁歸其根皮幹不通之時必先坎其地而後糞之擇注一二春者全其根勿令凍損經久爲霜雪所薄掘後即時以内坎中厥坎惟寬而深先糞之以栽著其上又復以復之其上以黄土蓋焉一免走肥二亦拒摇至春則榮茂而不易于條幹其新莖可抽五六尺者迫有至春則根行而蔓其發乃尤愈於初春時也如用春植則皮汁通葉將萌根一傷故枝葉瘁矣至來春則齊土斫去以塞其空心者免爲雨所灌令別抽新者不然至別下栽萌便斫去而植則尤妙於春斫也孟春斫則破損其椿有摇其根故也桐之性不柰漬濕惟喜高平之地如植於沙濕低下泉潤之處則必枯矣縱有生者抽

茂不如高平之所凡植後至於抽條時必生岐枝日頻視之如岐枝萌五六寸許則去之高者手不能及則以竹夾析之至三二年則刀去其枝恐其長而頭重故也伺其大則緣身而上以快刀貼身去慎勿留椿只經一兩春自然皮合也桐之皮甚脆軟而易傷切記耕鋤之時及牛馬等損之如有所損當以楮皮纏縛之不尔則汁出也又材一二丈則多斜曲亦以物對夾縛之令直以木牽之亦然蓋桐抽條不載首而出又虛軟故耳仍不喜巨在所陰如此華之其長可至十丈者故枚乘七發云龍門之桐高大而無枝信哉凡桐之茂大尤速於餘木故鄙云相訟好栽桐桐樹好做甑訟方無言其易大也

所宜第四

桐陽木也多生于崇岡峻嶽巉岩盤石之間茂枝顯敞高爽之地即嵇叔夜所謂榮綺季之疇乃相與登飛梁越幽坂瑤枝陟峻峻以游乎其下是也今梧之所生未必皆茂于崇岡峻嶽但平原幽顯之處向陽之地宜之其性喜虛肥之土植者其下當常鉏之令熟無使草之滋蔓為諸藤者之所纏縛致形材曲而不滑及有竹木根侵之盡鉏去根用諸糞擁之則其長愈出野者數倍十餘年間可幾抱矣其地宜黃土之地則自然榮矣若沙石之所雖與時皆昌其長枝尤遲焉樂肥與熟者惟桐耳縱桑柘亦亦已所敲夫肥熟則葉圓而大條虛而嫩葉圓而大則鼓風矣條虛而嫩則亦

易析矣。凡欲避皷折之患，則以竹竿破其葉，令作三片，又摘之令踈，則雖遇疾風不能損也。吹其葉破故耳。至三四春乃自堅成，不必然也。桐之性皆惡陰寒，喜明煖，陰寒則難長，明煖則易大，故詩雅云梧桐生矣，于彼朝陽是也。或陰濕之地植之則不榮矣。夫陽濕則枝幹曲而邪，漬濕則根葉黃而槁。凡植於高平黃壤，經三兩春後，鉏其下，令見蔓根，以犬糞植之尤良，蓋厥性耐肥故也。

所宜第五

夫桐之所出，豈獨蜀之美爲植之亦可以爲器。詩不云乎：樹之榛栗，椅桐梓漆，爰伐琴瑟。斯言至矣。江南之地尤多，今畧志其書傳所出甚美材者。嶧山，書云嶧陽孤桐，注云嶧山，書曰嶧山之陽特生桐，中琴瑟。龍門山，周禮春官大司樂云龍門之琴瑟，注云龍門，山名也。枚乘七發云：龍門之桐，高百尺而無枝，中鬱結之輪菌，根扶踈以分離，上有千仞之峰，下臨百丈之谿，湍流素波，又澹淡（徒敢反）之，其根半死半生，冬則冽風漂霰飛雪之所激也，夏則雷霆霹靂之所感也，朝則鸝黃鳱鴠，暮則羈雌迷鳥宿焉，獨鵠晨號乎其上，鶤鷄哀鳴翔乎其下。是言龍門所生之桐也。雲和山，周禮大司樂云雲和之琴瑟，以禮天神，注云雲和，山名也。空桑山，又大司樂云又空桑之琴瑟，注云空桑，山名也。此言雲和、空桑山之桐耳，可爲琴瑟以禮天地神祇也。寒山，張協七命云：寒山之桐，出自大冥，含黃鍾以吐幹，據蒼岑而孤生，晞三春之溢露迺九秋之鳴飇零雪寫其根霏霜封其條木既繁而後緑艸未素而先凋翦墾實之陽柯剖大呂之陰莖注云大冥北方也其有駰國吹莖所生之類倚干雜説篇中此不具也

桐譜卷上

桐譜卷下

銅陵逸民陳翥子翔著

采斫第六

夫別地之肥瘠辨木之善否知長育之法識栽接之宜者惟山家流能之然至其長養剥作之術多不能盡之蓋只知其長養之道而不詳乎器有用所妨者今山家凡剥樹之枝悉皆去枝數寸或尺餘云免為雨所灌損而不知槁椿長則皮不能包矣迨至材巨槁椿方没却反引水自灌而伐用之時以斧鋸之辦之即其槁椿腐而所意器者必為空穴矣良由去之不早而凡長桐木三二春其岐枝可以竹夾去之竹夾不能及則緣身而上用快刀去之其去之務令與身相平勿留餘撑不一二春自然皮合

矣至久而用之則無腐朽之病于其中也岐枝只候長五寸便可折矣亦無留嫩椿則萌矣夫豈惟桐乎斫諸木者亦可平身而去但人而昧耳桐材成可為器其伐之也勿高留焉齊上而伐之若在山巖險絶之地邃塢坑崖之處其倒之則必枸鶩折裂撲傷體理以其勢不可以禦故也如伐之宜當所伐之下斧破之上用巨繩纏縛一尺有餘則免折裂之虞矣復用繩牽之俾面而上山而從仍先去其臨險之枝則亡撲損之害矣不然則周鉏其下以斧悉然斷其根則其倒也無二者之患然臨事籌計智出於匠氏但貴其勿傷為善者也凡諸材之用其伐必當八九月伐之為良不爾必多蛀蝕惟桐木而無時焉

器用第七

古今匠氏為小大之器度而用之其可貴者則必云焉隹曰楊梓㯃圭櫧山桃白石擣栗梗柟松栢椅棐之類善則善矣然而采伐不時則有蛀蝕之害焉漬濕所加則有腐敗之患焉風吹日曝則有折裂之釁焉雨濺泥淤則有枯蘇之體焉夫桐之材則異於是采伐不時而不蛀蝕漬濕所加而不腐敗風吹日曝而不折裂雨濺泥淤而不枯蘇乾濡相兼而其質不變㯃柟雖類而其永不敵與夫上所貴者卑矣故施之大復可以為棟梁桁柱木莫其固但雄豪侈靡貴難得而尚華藻致不見用者耳今山家有以為桁柱地伏者諸木屢朽其屋兩易而桐木獨然而不動斯久効之驗

矣又世之爲棺槨其最上者則以紫沙榤爲貴以堅而難朽不爲乾濕所壞而不知桐木爲之尤愈於是夫沙木蠹對久而可脫桐木則粘而不銹久而益固更加之漆措諸重壤之下固之以石灰與夫沙榤可數倍矣但識者則然亦弗爲豪右所尚也凡用琴瑟之材雖皆用桐必須擇其可堪者用禮取雲和龍門空桑之桐爲琴瑟陶隱居云惟岡桐與白桐堪作琴瑟書云嶧陽孤桐風俗通云生巖石之上采東南孫枝以爲琴是擇其泉石向陽之材自然其聲清雅而可聽蔡伯喈聞爨下桐聲取以爲琴號曰焦尾則知桐之材有賢不肖皆混而無別惟賞音者識之耳凡白花桐之材以爲器燥濕破而用之則不裂今多以爲甑杓之類其性理慢之然也紫花桐之材文理如梓而性緊而不可爲甑以其易折故也使尤良焉餘桐之材但有名耳不入棟梁棺槨器具之用矣今之僧舍有刻以爲魚者亦白花之材也匠氏之用尤喜於紫花者白花澁而难光淨紫花緊而易光滑故也

雜說第八

魏明帝猛虎行曰雙桐生枯井枝葉自相加通泉漑其根玄雨潤其柯王逸子曰木有枝桑梧桐松栢皆受氣矣異於群類者也莊子云空門來風桐乳致巢注門戶空風喜根之桐子似乳著葉而生鳥喜巢之易緯白桐枝濡毳而入空中難成易傷須成器而華新論曰神農黄帝削桐爲琴風俗通曰梧桐生於嶧

陽山巖石之上采東南孫枝為琴聲甚清雅莊子曰外子之神勞子之精則倚樹而吟據梧而瞑注云勞困故耳呂氏春秋曰成王與康叔虞燕居桐葉以為珪曰以此封汝淮南子曰智者有所不足故桐不可以為弩遁甲曰梧桐不生則九州異注云梧桐已知日月正閏生十二葉一邊有六葉從下數一月有閏則十三葉視葉小者則知閏何月也不生則九州異君崔綺七蠲曰爰有梧桐生乎玄谿傳根朽壤托險生危淮南子曰桐木成雲注云取十石瓮滿以水置桐其中蓋之三四日氣如雲作莊子曰鵷雛發海南而飛于北海非梧桐不止非竹實不食游名志曰吹臺有高桐皆百圍嶧陽孤生方此為劣淮南子曰以巨斧擊桐薪不待利日良時而後破之加斧桐薪之上而無人力之奉雖順招搖刑德而不能破無其勢也論衡曰李子長為政欲知囚情刻梧桐象囚形鑿地為坎用水囚其中囚若正木囚不動若有寃木囚動出人之精著木人也古詩曰井梧棲雲鳳又曰椅梧傾高鳳孟子曰拱把之桐梓人苟欲生之皆知所以養之者至於身而不知所以養之者豈愛身不若桐梓哉弗思甚也今有場師舍其梧檟養其樲棘則謂賤場師矣廣志曰驃國有白桐木其葉有白毳取其毳淹漬緝織以為布齊地記曰齊城有梧臺即梧宮也齊書曰豫章王於郡起山亭種桐山武帝幸之置酒為樂瑞應圖曰王者任用賢良則梧桐生於東

廟禮斗威曰儀君乘火而王其政平梧桐長生述異記曰梧桐園在吳夫差舊國一名琴川梧園在句容縣傳曰吳王別館有楸梧成林盖古樂府云梧宮秋吳王愁是也秦記曰初長安謠曰鳳鳳凰凰止阿房符堅遂於阿房城植桐數萬株以待之其後慕容冲入阿房城而止焉冲小字鳳也晉書曰武帝時臨平岸崩一石鼓打之無聲張華曰可以蜀中桐木刻魚形扣之得鳴如其言果聲聞數十里後漢書蔡邕在吳吳人有燒桐以爨者邕聞火烈之聲知其良木也因請裁爲琴果有美音故時人名之曰焦尾琴齊書曰王晏爲員外郎父普躍齋時松樹忽成梧桐論者以爲梧桐雖有棲鳳之美而失後彫之節晏後果不終高僧傳曰僧瑜幼入釋門誓欲焚身以宋孝建中集薪爲龕請僧設齋禮別而入火中經三日而瑜房內忽生雙桐樹根枝豐茂鬱翠非常道侶異之號爲雙桐沙門

記志第九

西山植桐記云咸聱子陳翥字子翔少漸義方訓涉孤哀論于季孟惸疾否滯十有餘年蝸慕未盡根枝不附志願相畔退爲治生至慶曆八年戊子冬十有一月於家後西山之南始有地數畝東止西止陳翊紫樣凡東西延二十丈有奇南止弟翊北止凡翦凡南北袤十丈有奇自十二月至于皇祐三年辛卯冬洗而植之凡數百株南栽戟榆以累翊北樹槿籬以分前畔餘桐皆布于內靡有

列也未植前坎其地有圃者至而問曰
将胡爲乎余荅曰植桐于其中圃者咲
曰分利之速植桐不如植桑之博矣余
應之曰吾非不知衣食之源爲世所急
但足而矣夫仲尼豈不能明老圃之業
乎下惠豈不能爲盜跖之事乎苟議利
而後動誠聖賢之所不取亦予心之所
未能也翌日将植撫而祝之曰爾其材

森森直而理數榮陽立而不倚吾将敫
清風鏗其聲听之以爲古琴之操焉爾
其葉蓁蓁綠而繁應時門落不爲物損
吾将招君子游其下樂之以代靈鳳之
棲焉又曰吾今四十矣徯我數十年當
斬爾爲周身之具斯吾植之心也因書
爲植桐記

西山桐竹誌 云慶曆八年冬十有一月

咸聲子陳蕘始由地數畝于西山之南其
下舊有水竹之苗陳子以厥土惟黄壤
非桑之宜堪桐與竹耳始其謀而重氏
謂曰吾謂數畝桐竹豈爲生之急務乎
陳子默其語遂乏皆植桐與竹已而自
謂曰農圃之事余豈不能爲哉苟有白
圭陶朱之術以致富而匹白圭陶朱之
心亦聚禍之林藪窟宅耳昔齊豫章王

於群起山列種桐竹號桐山武帝幸之
置酒爲樂吾雖布衣孤而且否亦心有
所好焉夫竹歲寒不易所以堅志性之
操也桐識時知變所以順天地之道也
向桐茂竹盛則當列坐石命交友談詩
書論古今以招涼乎其下豈有期我乎
桑中之利哉俾後之好事者觀之知陳
子雖無桑梓起家之能亦有虛心待鳳

之意其豫章王子猷之儔乎乃自號桐竹君既爲植桐記又作桐竹誌以書之云

詩賦第十

植桐詩并序　書曰嶧陽孤桐詩云椅桐梓漆謂其可以爲清廟之雅器含太古之正音也然自非蔡伯喈之竒識張茂先之博物亦竈下之爨薪林中常木耳慶曆八年冬予植桐竹八十株于西山之南因爲植桐詩云

桐竹君詠并序　吾年至不惑命乖強仕損麄不合遂成十支離始有數畝之地于西山之南乃植桐與竹伯仲皆竊咲之以為不能為農圃之事而不知吾無錐刀之心不逌於世利但将以游焉而至其中休焉而坐其下可以外塵紛邀清風命詩書之交為文酒之樂亦人間之逸壺中之天地也乃自號桐竹君又為之詠云高桐臨紫霞修篁拂碧雲吾常居其間自號桐竹君不觧傚俗利所希脫世紛會交但文學啓談皆典墳吁嗟機巧徒反道是胡云

西山桐十詠并序　吾始植桐于西山之陽議者誚其治生之拙及數年桐茂森然可愛而翫復私羡之始知桐之易成耳因作西山桐十詠識所好也

桐栽曰吾有西山桐植之未盈握所得從野人移來喬嶽節凝殻葉尚祕根踈土自剥匪爲待籬鷃庸将棲鸑鷟異日成茂林論材誰見擢巨則爲棟梁微亦任楹桷仍堪雅琴器奏之反淳朴大匠如顧憐委軀類雕斵

桐根曰吾有西山密隣桃與李得地自行根受芘踰高藟上濯春雲膏下滋醴泉髓盤結侔循環岐 分類枝體秉虛肌體大墳漲 土脈起扶踈向山壤蔓衍林地顛偕久深固無爲半生死倘儀大廈材合抱由蔡始

桐花曰吾有西 山桐桐盛茂其花香心自蝶戀縹緲帶無涯白者含秀色粲如凝瑶紫華者吐芳英爛若舒朝霞素柰亦足擬 紅杏寧相加世但貴冊藥夭艷資驕奢　管繞庭檻翫賞成矜誇倘或求美材爲爾長所嗟

桐葉曰吾有西 山桐下臨百丈溪布葉雖遲遲庇根本亦萋萋密類張翠幄青堪剪封圭滑澤經 日久濡毳隨幹躋近風帶影動墜雨向身低寧隱凡鳥巢自蔽儀鳳棲松栢徒爾積蒲柳空思齊但有知心時應使常弗迷

桐乳曰吾有西 山桐厥實狀如乳含房隱綠葉致巢來翠羽外滑自爲穗中皐不可數輕漸曝秋陽重即濡綿雨霜後戚氣裂隨風到煙塢雖非松栢子受命亦知土誰能好琴瑟種之向春圃始知非凡材諸移豈予伍

桐孫曰高梧已繁盛蕭蕭西山隴毳葉竟開展孫枝自森聳擅美堆東南滋榮藉萋菶不能容燕雀只許棲鸞鳳寧入吳人爨堪隨 伯禹貢雨露時加 潤霜雪胡爲凍況有奇特材足任雅琴用中含太古音可美清風頌

桐風曰 分材植梧桐桐茂成翠林日日來輕風時時 自登臨拂幹動徵毳吹葉

破圓陰虛凉可解愠鼓輕如調琴莫傳
獨鵠操頹述棲鳳吟豈羞楚襄王蘭臺
堪披襟亦陋陶隱居高閣聽松音無爲
摇落意慰我休閑心
桐陰曰枝輭自相交葉縈更分茂所得
成清陰仍宜當白晝蔭疑翠帝展翳若
繁雲覆日午密影疊風摇碎花漏冷不
蔽空井高堪在庭甃吾本閑野人受樂
忘勞疲亭亭類張蓋翼翼如層搆月夕
獨裴回猶思一重復
桐徑曰時人羨桃李下自成蹊徑而我
愛梧桐亦以成乎性中平端隧道還往
非遼蔓直入無欹斜横延亦徑挺月夕
葉影碎春暮花光映清朝濛露濕落日
隨煙暝不使草蔓滋任從根裂迸堪諧
蔣詡徒惟任蓬蒿盛

桐賦并序　始吾植桐與竹于西山南見
誚乎天倫間以謂拙難於生計不如桑
柘果實之木有所利吾訣而遂其志乃
自號桐竹君以固而拒之又作西山桐
詩十二首復掇其詩之餘次而爲賦所
以伸植之心也
其辭曰伊梧桐之華木生崇絶之高岡
盗天地之淳氣吐春冬之奇芳借濡潤
於夕陰藉和煖於朝陽緜歲月而久跱
森欝茂而延昌爾其溪臨千仞巖空百
丈曽巘岌以周列重峯業其相向勢崖
嵬而峭其峻形嶇崎而不可上崖嶮巇
以無堅嶒峣而弗敞幹上挼而雖榮根
下朵而不長迅雷疾風之所飄擊湧滯
飛溜之所滌蕩蒙苦霧而含暝鑠愁雲
於寫望罪霜封條而欲折積厓擁根而

致强枝蠹則中乾節傷則液構同扮棘以溷殺褋樞揄而蒼莽於是哀狖晨登飢鳥夜啼熊狐旁宿麏麂下蹊悲號呌嘯回惶慘悽勇夫聞之而心碎山鬼尋之而盡迷寒鵰啄鷹以之游集妖鳥恠鵬以之安棲蓋人迹罕履故物類來萃材雖具不見用於匠氏根已固故不可以移徙其或春氣和木向榮飛于結孕岐抵抽萌條毿毿以嫩聳葉茸茸而緑成暑再離而自茂氣猶鈌而未英當斯一時也吾孤且否人無我諳既支離而不煖始有地于西山之南遂志刻銳任情意禽钁以薙草向陽以闢地列行行之坑坎有鱗鱗之位次肅以植梧桐而異群類也由是召山叟訪塲師坡榛棘之蕞薄陟峰巒之險危望椅梓以相近

求拱把而見移全根本之延蔓釋材幹之珎奇迺等地以森植亦分株而對之併砥道之矢直鄙左右之器欹邁夾道之細栁數通衢之高椅累歲時而茂盛發花葉之繁滋土膏泉液以澤乎根春風夏雨以長其枝晨霞暮雨以蔭其幹清露薄霧以潤其肌陽烏舒煬以條布陰兎飛老而影垂佳紛雪之難積處巖霜之易晞是以其上則鴻鶋鶤鶚之所不敢棲也其下則騰猿飛獼之所不獲息也結藤垂蔓莫得而依也犇泉依瀨亡由而及矣故遠而望之如列戟與排予即而想之若緑幄與翠裀將以集鸑鷟鳴鸜鶹翫之以與詠昕之以消憂於是招直諒之賓命端善之友坐萋萋之陰蔭論詩書藏否逍遥乎志氣豈樂以

文酒賞玆桐之森森敵桑柘之黝黝彼槐嘆婆娑樗傷擁腫一則爲盡其生意一則嗟無其器用未若葉中藥餌材堪梁棟雲和曾入於周制嶧陽乃隨於禹貢有名實以相副豈虛僞以調衆吾將采東南之孫枝創疏越之雅琴絃以壓桑之絲徽以雙南之金同夔牙以揮皷期鍾期而側聆追淳風於先德寫太古之遺音使桀紂之樂慚靡鄭衛之聲愧謡非鏗鏘也不足以傾鄙夫之耳有幽靜也自可以悅君子之心桐竹君乃神魂清心志和以道自任就知其他據搞梧以釋俗申素臆以長歌歌曰蒿艾茂郁兮棋蘭不馨柞櫟芬芳兮梗稱不享苟毀方以趨勢兮雖棫樸而見稱儻容援之云依兮雖楸梓而勿名且斥遠於匠石兮終見弄於林衡自樂天以知命兮故無慮而自營歌卒瞬自周覧沉吟自斷浚以餘音系而為辭曰貴遠賤近時之宜兮衆咸去扑爭華為兮花藥不能資耳目兮子實無堪充口腹兮人誰求用到林麓兮雖材不用不材遺兮我願終身老林泉兮器與不器居其間兮倚相故懷事都捐兮優游自得終天年兮

桐譜終

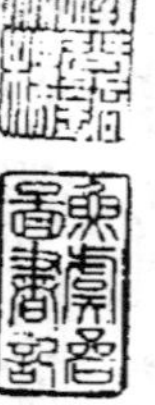

茶經

（唐）陸羽撰

《茶經》，（唐）陸羽撰。陸羽（七三三—八〇四），又名疾，字鴻漸、季疵，號竟陵子、桑隱翁，復州竟陵（今湖北天門）人，深諳茶道，被後人尊爲茶聖。生平事迹載於《新唐書·隱逸傳》。此書係作者隱居浙江餘杭苕溪所作，是中國第一部關於茶的專譜。

全書共三卷十篇，『一之源』考證茶的起源及性狀；『二之具』記載採茶製茶工具；『三之造』記述茶葉種類和採製方法；『四之器』記載煮茶、飲茶的器皿；『五之煮』記載烹茶法及水質品位；『六之飲』記載飲茶風俗和品茶法；『七之事』彙輯有關茶葉的掌故及藥效；『八之出』列舉茶葉産地及所産茶葉的優劣；『九之略』指茶器的使用可因條件而異，不必拘泥；『十之圖』指將採茶、加工、飲茶的全過程繪在絹素上，懸於茶室，使得品茶時可以親眼領略茶經之始終。該書反映出唐代茶葉生産已比較發達，飲茶之風盛行，茶葉的採摘、製作、鑒定、分級及烹煮、飲用等都積累了豐富經驗。

該書在撰成不久就已經被人競相傳抄，史書説陸羽著《茶經》後，『天下益知飲茶矣』。當時賣茶的人甚至將陸羽塑成陶像置於竈上，奉爲茶神。該書大大推動了唐以後的茶葉生産和茶文化傳播。該書之後，中國歷代出現了不少有關茶的專譜，有些還標明是對陸羽《茶經》的補充。

該書流傳極廣，有《百川學海》《説郛》《山居雜誌》《格致叢書》《學津討源》《唐人説薈》本及多種單行本，還有日譯本和英譯本。一九八三年湖北人民出版社出版傅樹勤、歐陽勳的《陸羽茶經譯注》，使於利用。今據南京圖書館藏明刻《茶書全集》本影印。

（惠富平）

譜錄類

茶書全集

乾

茶書全集 明刊本

茶書序

余向讀陸鴻漸茶經而少之以爲處士出而茗功章徹一洗酪奴之誚聲施縈華至今誠於此道爲鼻祖顧後來好事之彥羽翼鼓吹散在羣書往往而是而編緝無聞統紀未一使人惛辟金而笥片玉大觀之謂何夫千金之裘非一狐之腋然不索胡獲不庀胡紉我實未嘗謀諸野而徒詫孟嘗之倖得于秦宮者以爲獨貴非裘難也所以成裘者則難矣喻正之不甚嗜茶

序　一　刻俊

而澹遠清眞雅合茶理方其在蜀京爲司馬曹郎握庫筦鑰盡以其例羡付之殺青所刊正諸史志羼魯魚訂亥豕列在學宫彼都人士直將尸而祝之令来福州復取古人談茶十七種合爲茶書正之雖

非茶僻抑誠書滛矣其書以茶經爲宗譬則泰山之丈人峰乎餘若徂徠日觀之屬羅列不啻兒孫脉絡常貫而峭蒨各成洋洋乎美哉暢韻士之幽懷作詞場之佳話功不在陸處士之下更何待言乃余

不佞則尤有私賴爲余素喜茶初意入閩啜别當倶屬佳品而事大謬不然所市皆辛澀穢惡想嘗草之帝遇七十二毒必居一於此彼一時也畏濕薪之束遂無敢詰責買者二三兄弟偶致斜封極稱無

害又自思不受魚始能常得魚亦惟是不啓視而璧之以成吾志早晚啜熱水數合饔飧則恃粥而行久之良便無所事彼建州之役過友人署中娓娓羅岕京點之法余謂空言不如實事姑取試之其僮

以武夷應客余亦亟賞其清香不
知有異盖踈絶旣久故易喜易眩
如此乃令閱正之之書幽絶沉快
芳液輒溢無煮陽羨歎中泠之迹
而收其功益復無所事彼其利賴
一余不佞棲遲一官五年不調留

滯約結之慨豈繄異人徼天之幸
日侍叵之左右覺名利之心都盡
退而披其所纂集若此書之言言
玄箸無論其凡即如不羨朝拜省
不羨夕入臺之二語謂非吾人之
清凉散不可也其利賴二於是正

之嬲余以爲子之言誠辯但津津
感余不置竊恐編緝統紀之譽皆
一人之臆戴非實録也余亦還對
使君謂感誠有之亦未肯忘覩昔
入云書值會心讀卻易盡請使君
再廣爲摎故事太守與丞倅李官

名爲僚而實無敢以雁行進常會
一茶而退鄭重不出聲即不然亦
聊啓口而嘗之又不然湯造端而
騈之而使君質任自然心無適莫
合刻茶書以發舒其澹遠清眞之
意遂使不受世網如余者淂以闚

見微指作寥曠之談破矜莊之色無亦非所宜乎請使君自今引於繩使君欣然而笑曰有是哉廣搜之請敢不子從何謂引繩不敢聞命我與二三子游於形骸之外而子索我於形骸之內子其猶有蓬之心也夫余而後知使君之澹遠清眞雅合茶理不虛也

壬子孟春西陵周之夫書于訬香齋中

茶書序

夫世競市朝則煙霞者賞矣人耽粱肉則薇蕨者貴矣飲食者君子之所不道也麴蘗沈心淳母爽口古之作者猶或譜之矧於茶其色香風味既迥出塵俗之表而消壅釋滯解煩滌燥之功特與藝術頡頏故自桑苧翁作經以來高人墨客轉相紹述亙有拓充至於今日十有七種其於栽培製造之法煎烹取舍之宜亦既撈括無遺矣蓋嘗論

之三代〻上民炊菽而羹藿七十食肉口腹之欲未侈故茶之功用隱而弗章然苦風之婦已詞〻矣誰謂茶苦其甘如薺而堇荼如飴周原所以紀膴也近世鼎食之家效尤淫靡庖宰之

手窮極滋味一切截炙之珍奇皆伐腸裂胃之斧斤若非雲鈎露芽之液沃其炎熾而滋其清涼疾癘夭札踵〻相望矣故茶之晦於古著於今非好事也勢使然也吾郡侯喻正之先生自

拔大宅大暢玄風得唐子畏烹茶卷動以自隨入閩暮月既已勒之石矣復命徐興公裒鴻漸以下茶經水品諸編合而訂之命曰茶書間以示余〻歎謂使君一舉而得三善焉存古決疑

則稽含狀草木陸機疏蟲魚之旨也齊民殖圃則葛穎記種植贊寧譜竹筍之意也遠謝世氛清供自適則陳思譜海棠范成大品梅花之致也昔蔡端明先生治吾郡風流文采千古罕儷

而於茶尤惓惓焉至製龍團以
進天子言者以為遺恨不知高
賢之用意固深且遠也九重乙
夜前後左右惟是醍醐膏薌誰
復以清遠之味相加遺者且也
不猶愈於曲江之獻荔支賦乎

正之治行高操絶出倫表所好
與端明合而是書之傳世不勞
民不媚上又高視古人一等矣
正之嘆謂余吾與君皆水曹也
夫唯知水者然後可與辨茶請
與子共之余謝不敏遂次其語
以付梓人
萬曆壬子元旦晉安謝肇淛書
于積芳亭

茶書自叙

余既取唐子畏所寫烹茶圖而珉繡之一時寅彥勝流紛有賦詠楮墨為色飛矣而自念章為三山長靈源雲英往往澆燥脾而迴清夢蓋與桑苧翁千載神狎也爰與徐興公

廣羅古今之精於譚茶若隸事及之者合十餘種為茶書茶之表章無稍狂而桑苧之經則仍經之諸翊而綴者亦猶內典金剛之有論與頌耳方付殺青而客有過余者曰茶之尚于世誠鉅而子獨津津為若

嵇鍛阮屐杜之傳而王之馬也此猶第癖耳至劓幽攬隱為茗苑中一大總持無乃煩乎余無以難客已而曰頻箕潔蹈歠響猶厭其聲洙泗真樂水飲偏歸於適明有待之未寘而無礙之合漠也夫嗳茗之於飲

水煩矣品茗之於去歠尤煩矣余則何辭抑余於嵇阮諸君子竊有畸為蓋役之趣藉物以怡而余之腸得此而滌固非勞吾生為所嗜役津津而不止者也然則飲食亦在外歟子其勿以四人者方幅我雖然水而

茗之茗而筆之庶幾夫能知味者乎居山復起未必不以為知言而若居隱溪刻之掾姑舍是客又雜余善易者不論易吾猶以竟陵之舌為饒也刻逸少之毫誠懸不能用廷珪之墨子昂不能研而規〻於之器

序　三

之法之候之人詎真記柱而彈跡越且也曰亦不足矣余嚬然曰章哉客之有以振我也頋使我以清課而落吾事則不敢使我以俗韻而饑是編則不甘夫襄陽之於石也至廢案牘且衣對而旦夕拜彼誠興味曠寡風流

映帶然徽獨巖容者所弗善即跡懶如余亦不頋效之也若茶寧塊居埒而余又未至為顛米之癡有所以處此矣唐史稱韋翁在郡時恒掃地焚香默坐竟日故其詩沖閒玄穆迥出塵表卒不聞以廢事為病

序　四

也是時竟陵經當已著今章得讀之當又不以李御史禮待陸先生且恐水遞接于惠山雲芽童千虎丘耳余詩格謝此公而茗緣似勝之客浮無謂福州使君湯驕穉蘇州刺史哉客乃大噱余呼童子

斟龍腰泉煮鼓山茶如法進之客
更奕然起謝謂沐浴茲編恨晚也
客退聊次問答語爲茶書叙云
萬曆癸丑涂月弌生明鼓山主人
洪州喻政譔

茶書目錄

仁部

義部

目錄終

茶經序

宋陳師道撰

陸羽茶經家傳一卷畢氏王氏書三卷張氏書四卷内外書十有一卷其文繁簡不同王畢氏書繁雜意其舊文張氏書簡明與家書合而多脫誤家書近古可考正曰七之事其下文乃合三書以成之録爲二篇藏於家夫茶之著書自羽始其用於世亦自羽始羽誠有功於茶者也上自宫省下迨邑里外及戎夷蠻狄賓祀燕享預陳於前山澤以成市商賈以起家又有功於人者也可謂智矣經曰茶之否臧存之口訣則書之所載猶其粗也夫茶之爲藝下矣至其精微書有不盡况天下之至理而欲求之文字紙墨之間其有得乎昔者先王因人而敎同欲而治凡有益於人者皆不廢也世人之說曰先王詩書道德而已此乃世外執方之論枯槁自守之行不可羣天下而居也史稱羽持具飲李季卿季卿不爲賓主又著論以毁之夫藝者君子

有之德成而後及所以同於民也不務本而趨末故業成而下也學者謹之

茶經序

茶經序

先通奉公論吾汚人物首陸鴻漸蓋有味乎茶經也夫茗久服令人有力悅志見神農食經而曇濟道人與王子尚設茗八公山中以為甘露是茶用于古羽神而明之耳人莫不飲食也鮮能知味也稷樹秇五穀而天下知食羽辨水煮茶而天下知飲羽之功不在稷下雖與稷並祀可也及讀自傳清風隱隱起四坐所著君臣契等書不行于世豈自悲遇不禹稷若哉竊謂禹

稷陸羽易地則皆然昝之刻茶經作郡志者豈未見茲篇耶今刻于經首次六羨歌則羽之品流槩見矣玉山程孟孺善書法書茶經刻焉王孫貞吉繪茶具校之者余與郭次甫結夏金山寺飲中泠第一泉

明萬曆戊子夏日郡後學陳文燭玉叔撰

茶經序

陸羽自傳

陸子名羽字鴻漸不知何許人有仲宣孟陽之貌陋相如子雲之口吃而爲人才辯篤信褊躁多自用意朋友規諫豁然不惑凡與人宴處意有所適不言而去人或疑之謂生爲瞋（嗔）及與人爲信雖氷雪千里虎狼當道而必行也上元初結廬于苕溪之濱閉關對書不雜非類名僧高士談讌永日常扁舟往山寺隨身惟紗巾藤鞋裋褐犢鼻往往獨行野中誦佛經吟古詩杖擊

茶經傳　四　王

林木手弄流水夷猶徘徊自曙達暮至日黑興盡號泣而歸故楚人相謂陸子蓋今之接輿也始其家捊露育乎竟陵大師積公之禪院自幼學屬文積公示以佛書出世之業子荅曰終鮮兄弟無復後嗣染衣削髮號爲釋氏使者聞之得稱爲孝乎自將援孔聖之文可乎公曰善哉子爲孝殊不知西方之道其名大矣公執釋典不屈子執儒典不屈公用矯憐無變歷試賤務掃寺地潔僧厠踐泥汚墻負瓦施屋牧牛一百二十蹄竟陵西湖無紙學書以竹畫牛背爲字他日問字於學者得張衡南都賦不識其字但於牧所倣青衿小兒危坐展卷口動而已公知之恐漸漬外典去道日曠又求于寺中令其翦榛莽以門人之然或慧記文字懵然若有所遺灰心木立過日不作主者以爲慵惰鞭之因歎歲月往矣恐不知其書嗚呼不自勝主者以爲蓄怒又鞭其背折其楚乃釋因倦所役捨主者而去卷衣詣伶黨著謔談三氏以身爲伶正弄

茶經傳　五　士

木人假吏藏珠之戲公追之曰念爾道喪惜哉吾本師有言我弟子十二時中許一時外學令降伏外道也以我門人衆多今從爾所欲可緝學工書天寶中郢人酺於滄浪道邑吏召子爲伶正之師時河南尹李公齊物出守見異捉手拊背親授詩集於是漢沔之俗亦異焉後負書於火門山鄒夫子墅屬禮部郎中崔公國輔出守竟陵因與之遊處凡三年贈白馬驢犎一頭文槐書函一枚云白驢犎襄陽太守李憕見遺

文槐函故盧黃門侍郎所與此物皆已之所惜也宜野人乘畜故特以相贈洎至德初秦人過江予亦過江與吳興釋皎然爲緇素忘年之交少好屬文多所諷諭見人爲善若已有之不善若已羞之苦言逆耳無所迴避由是俗多之自祿山亂中原爲四悲詩劉展窺江淮作天之未明賦皆見感激當時行哭涕泗著君臣契三卷源解三十卷江表四姓譜十卷南北人物志十卷吳興歷官記三卷湖州刺史記一卷茶經三

卷占夢上中下三卷並貯于褐布囊上元辛丑歲子陽秋二十九日

唐書陸羽傳

宋祁撰

唐陸羽字鴻漸一名疾字季疵復州竟陵人不知所生或言有僧得諸水濱畜之既長以易自筮得蹇之漸曰鴻漸于陸其羽可用爲儀乃以陸爲氏名而字之幼時其師教以旁行書答曰終鮮兄弟而絕後嗣得爲孝乎師怒使執糞除圬墁以苦之又使牧牛三十羽潛以竹畫牛背爲字得張衡兩都賦不能讀危坐效羣兒囁嚅若成誦狀師拘之令薙草莽當其記文字懵懵若有遺過日不作主者鞭苦因嘆曰歲月往矣柰何不知書嗚咽不自勝因亡去匿爲優人作詼諧數千言天寶中州人酺吏署羽伶師太守李齊物見異之授以書遂廬火門山貌侻陋口吃而辯聞人善若在已見有過者規切至忤人朋友燕處意有所行輒去人疑其多嗔與人期

雨雪虎狼不避也上元初更隱苕溪自稱桑苧翁又號竟陵子東岡子闔門著書或獨行野中誦詩擊木徘徊不得意或慟哭而歸故時謂今接輿也久之詔拜羽太子文學徙太常寺太祝不就職貞元末卒羽嗜茶著茶經三篇言茶之源之法之具尤備天下益知飲茶矣時鬻茶者至陶羽形置煬突間祀爲茶神有常伯熊者因羽論復廣著茶之功御史大夫李季卿宣慰江南次臨淮知伯熊善煮茶召之伯熊

執器前季卿爲再舉盃至江南又有薦羽者召之羽衣野服挈具而入季卿不爲禮羽愧之更著毀茶論其後尚茶成風時回紇入朝始驅馬市茶

茶經傳

茶經敘

蓋茶之用舊矣筆諸書而尊爲經實自鴻漸始當時鄙其藝者使與傭保雜作不爲具賓主禮而後之中其好者稱引與禹稷並此於鴻漸俱無當特惜其爲好名所使耳枯槁之士往往宿名唯券內者行乎無名得時而駕弃包天地澤及天下而不知其誰氏雕刻衆形而不爲巧非其時則自埋於民自藏於畔生無爵死無謚其聲銷其志無窮其口雖言其心未嘗言人不以

善言爲賢猶不以善吠爲良而名亦何貴之有南伯子綦居山穴之口田禾一覩而齊國之衆三賀之子綦不悅也我必先之彼故知之我必賣之彼故鬻之顏不疑戒於巧狙歸而師董梧以鋤其色色之不有而况於名乎鴻漸混迹於牧豎優伶而不就文學太祝之拜其中固已塵金玉芥軒冕矣獨不能忘名故以其偏嗜觭長自表見於世若痀僂丈人之承蜩也紀渻子之養雞也庖丁之解牛也墨翟之飛鳶也市南宜

僚之弄丸也梓慶之鐻也輪扁之斲輪也昭文之鼓琴師曠之枝策惠子之據梧也泰豆之御伯昏無人之射也偃師之造倡也此其人才氣籠蓋人群揮斥八極而沾沾自喜爲小人之事凡以博名高耳鴻漸不勝伎倆磊塊至取其書與六經相提而論將有所執以成名乎微哉鴻漸之所託名也有名則有愛憎有愛憎則有是非有是非則有雌雄片合樹高於林風必摧之李卿之辱固其宜也嗟乎好名之累豈唯辱其

身絕他卞隨申徒狄介子推北人無擇廉焉而死夷齊忠焉而死尾生孝已信焉而死左伯桃羊角哀友焉而死荊軻聶政俠焉而死齊三士勇焉而死不難以其身殉則何論辱哉彼其離名輕死甘之如飴趨之如蟻慕羶而不知夫至人視之無異於流豕磔犬操瓢而乞者也弄工乎中徽而拙乎使人無已譽聖人工乎天而拙乎人此無他有名無名幾希之間而已是故名不可殉亦不可逃皇甫規耻不與黨錮敎不以潰籍苟安殉者也異則爲杜預好異代名韓康藥不二價耻爲女子所知逃者也甚則爲張翰不願有千秋名殉與逃有間矣其心不能忘名一也鴻漸逃於彼而殉於此舍其大而處其小其能免乎名之不免辱則何辭抑太史公曰富貴而能磨滅不可勝數唯俶儻非常之人稱焉鴻漸窮厄終身而千百世後讀其書得其遺蹟寶愛之以爲山川邑里重微名胡以若是故曰三代而下唯恐其不好名孔子作春秋或名以

勸善或名以懲惡衮鉞一時薰猶千載如鴻漸者高山景行廉頑立懦胡可少也

邑後學李維楨撰

茶經敘終

茶經敘

夫茶之爲經要矣行於世膾炙千古迺今見之百川學海集中茲復刻之竟陵者表羽之爲竟陵人也按羽生甚異類令尹子文人謂子文賢而仕羽雖賢卒以不仕又謂楚之生賢大類后稷云今觀茶經三篇其大都曰源曰具曰造曰飲之類則固具體用之學者其曰伊公羹陸氏茶取而比之寔以自況所謂易地皆然者非歟向使羽就文學大祝之召誰謂其事不伊且稷也而卒以不仕何哉昔人有自謂不堪流俗非薄湯武者羽之意豈亦以是乎厥後茗飲之風行於中外而回紇亦以馬易茶由宋迄今大爲邊助則羽之功固在萬世仕不仕奚足論也或曰酒之用視茶爲要故北山亦有酒經三篇曰酒始諸祀然而妹也已有酒禍惟茶不爲敗故其既也酒經不傳焉羽器業顛末具見於傳其水味品鑒優劣之辨又且見於張歐浮柤等記則並附之

邑人魯彭撰

茶經卷上

唐竟陵陸羽鴻漸撰

一之源

茶者南方之嘉木也一尺二尺迺至數十尺其巴山峽川有兩人合抱者伐而掇之其樹如瓜蘆葉如梔子花如白薔薇實如栟櫚葉如丁香根如胡桃（瓜蘆木出廣州似茶至苦澀栟櫚蒲葵之屬其子似茶胡桃與茶根皆下孕兆至瓦礫苗木上抽）其字或從草或從木或從草木（從草當作茶其字出開元文字音義從木當作搽其字出本草草木幷作茶其字出爾雅）其名一曰茶二曰檟三曰蔎四曰茗五曰荈（周公云檟苦茶揚執戟云蜀西南人謂茶曰蔎郭弘農云早取爲茶晚取爲茗或一曰荈耳）其地上者生爛石中者生櫟壤（櫟字當從石爲礫）下者生黃土凡藝而不實植而罕茂法如種瓜三歲可採野者上園者次陽崖陰林紫者上綠者次筍者上牙者次葉卷上葉舒次陰山坡谷者不堪採掇性凝滯結瘕疾茶之爲用味至寒爲飲最宜精行儉德之人若熱渴凝悶腦疼目澁四肢煩百節不舒聊四五啜與醍醐甘露抗衡也採不時

造不精雜以草莽飲之成疾茶爲累也亦猶人參上者生上黨中者生百濟新羅下者生高麗有生澤州易州幽州檀州者爲藥無効況非此者設服薺苨使六疾不瘳知人參爲累則茶累盡矣

二之具

籝（加追反）一曰籃一曰籠一曰筥以竹織之受五升或一斗二斗三斗者茶人負以採茶也（籝漢書音盈所謂黃金滿籝不如一經顏師古云籝竹器也容四升耳）

竈無用突者釜用脣口者

甑或木或瓦匪腰而泥籃以箄之篾以系之始其蒸也入乎箄既其熟也出乎箄釜涸注於甑中（甑不帶而泥之）又以榖木枝三亞者制之（亞字當作椏木椏枝也）散所蒸牙笋并葉畏流其膏

杵臼一曰碓惟恒用者佳

規一曰模一曰棬以鐵制之或圓或方或花

承一曰臺一曰砧以石爲之不然以槐桑木半埋地中遣無所搖動

檐一曰衣以油絹或雨衫單服敗者爲之以檐置承上又以規置檐上以造茶也茶成舉而易之

芘莉（音杷離）一曰嬴子一曰篣筤（篣音朋筤音郎篣筤籃籠也）以二小竹長三尺軀二尺五寸柄五寸以篾織方眼如圃人土羅闊二尺以列茶也

棨一曰錐刀柄以堅木爲之用穿茶也

樸一曰鞭以竹爲之穿茶以解茶也

焙鑿地深二尺闊二尺五寸長一丈上作短墻高二尺泥之

貫削竹爲之長二尺五寸以貫茶焙之

棚一曰棧以木構於焙上編木兩層高一尺以焙茶也茶之半乾昇下棚全乾昇上棚

穿（音釧）江東淮南剖竹爲之巴川峽山紉榖皮爲之江東以一斤爲上穿半斤爲中穿四兩五兩爲下穿峽中以一百二十斤爲上穿八十斤爲中穿五十斤爲小穿穿字舊作釵釧之釧字或作貫串今則不然如磨扇彈鑽縫五字文以平

聲書之義以去聲呼之其字以穿名之

育以木制之以竹編之以紙糊之中有隔上有覆下有床旁有門掩一扇中置一器貯煻煨火令熅熅然江南梅雨時焚之以火（育者以其藏養爲名）

三之造

凡採茶在二月三月四月之間茶之筍者生爛石沃土長四五寸若薇蕨始抽凌露採焉茶之芽者發於藂薄之上有三枝四枝五枝者選其中枝穎拔者採焉其日有雨不採晴有雲不採

晴採之蒸之擣之拍之焙之穿之封之茶之乾矣茶有千萬狀鹵莽而言如胡人鞾者蹙縮然（京錐文也）犎牛臆者廉襜然（犎音朋野牛也）浮雲出山者輪囷然輕飇拂水者涵澹然有如陶家之子羅膏土以水澄泚之（謂澄泥也）又如新治地者遇暴雨流潦之所經此皆茶之精腴有如竹籜者枝幹堅實艱於蒸擣故其形籭簁（上離下師）然有如霜荷者莖葉凋沮易其狀貌故厥狀委萃然此皆茶之瘠老者也自採至於封七經目自胡鞾至於霜荷八等或以光黑平正言嘉者斯鑒之下也以皺黃坳垤言佳者鑒之次也若皆言嘉及皆言不嘉者鑒之上也何者出膏者光含膏者皺宿製者則黑日成者則黃蒸壓則平正縱之則坳垤此茶與草木葉一也茶之否臧存於口訣

茶經卷上終

茶經卷中

唐竟陵陸羽鴻漸撰

四之器

風爐 灰承

風爐以銅鐵鑄之如古鼎形厚三分緣闊九分令六分虛中致其杇墁凡三足古文書二十一字一足云坎上巽下離於中一足云體均五行去百疾一足云聖唐滅胡明年鑄其三足之間設三窗底一窗以爲通飇漏燼之

所上並古文書六字一窗之上書伊公二字一窗之上書羹陸二字一窗之上書氏茶二字所謂伊公羹陸氏茶也置墆埭於其內設三格其一格有翟焉翟者火禽也畫一卦曰離其一格有彪焉彪者風獸也畫一卦曰巽其一格有魚焉魚者水蟲也畫一卦曰坎巽主風離主火坎主水風能興火火能熟水故備其三卦焉其飾以連葩垂蔓曲水方文之類其爐或鍛鐵爲之或運泥爲之其灰承作三足鐵柈擡之

筥

筥以竹織之高一尺二寸徑闊七寸或用藤作木楦 古箱字 如筥形織之六出圓眼其底蓋若利篋口鑠之

炭檛

炭檛以鐵六稜制之長一尺銳一豐中執細頭系一小鐶以飾檛也若今之河隴軍人木吾也或作鎚或作斧隨其便也

火筴

火筴一名筯若常用者圓直一尺三寸頂平截無蔥臺勾鏁之屬以鐵或熟銅製之

鍑 音輔或作釜或作鬴

鍑以生鐵爲之今人有業冶者所謂急鐵其鐵以耕刀之趄鍊而鑄之內摸土而外摸沙土滑於內易其摩滌沙澁於外吸其炎焰方其耳以正令也廣其緣以務遠也長其臍以守中也臍長則沸中沸中則末易揚末易揚

則其味淳也洪州以瓷爲之萊州以石爲之瓷與石皆雅器也性非堅實難可持久用銀爲之至潔但涉於侈麗雅則雅矣潔亦潔矣若用之恒而卒歸於鐵也

交床

交床以十字交之剜中令虛以支鍑也

夾

夾以小青竹爲之長一尺二寸令一寸有節節已上剖之以炙茶也彼竹之篠津潤於火

假其香潔以益茶味恐非林谷間莫之致或用精鐵熟銅之類取其久也

紙囊

紙囊以剡藤紙白厚者夾縫之以貯所炙茶使不泄其香也

碾 拂末

碾以橘木爲之次以梨桑桐柘爲之內圓而外方內圓備於運行也外方制其傾危也內容墮而外無餘木墮形如車輪不輻而軸焉

長九寸闊一寸七分墮徑三寸分中厚一寸邊厚半寸軸中方而執圓其拂末以鳥羽製之

羅合

羅末以合蓋貯之以則置合中用巨竹剖而屈之以紗絹衣之其合以竹節爲之或屈杉以漆之高三寸蓋一寸底二寸口徑四寸

則

則以海貝蠣蛤之屬或以銅鐵竹匕策之類

則者量也准也度也凡煮水一升用末方寸匕若好薄者減嗜濃者增故云則也

水方

水方以稠木（音胄木名也）槐楸梓等合之其裏并外縫漆之受一斗

漉水囊

漉水囊若常用者其格以生銅鑄之以備水濕無有苔穢腥澀意以熟銅苔穢鐵腥澀也林栖谷隱者或用之竹木木與竹非持久涉

逺之具故用之生銅其囊織青竹以捲之裁
碧縑以縫之細翠鈿以綴之又作綠油囊以
貯之圓徑五寸柄一寸五分

瓢

瓢一曰犧杓剖瓠爲之或刋木爲之晋舍人
杜毓荈賦云酌之以匏匏瓢也口濶脛薄柄
短永嘉中餘姚人虞洪入瀑布山採茗遇一
道士云吾丹丘子祈子他日甌犧之餘乞相
遺也犧木杓也今常用以梨木爲之

竹夾

竹夾或以桃柳蒲葵木爲之或以柿心木爲
之長一尺銀裹兩頭

鹾簋 揭

鹾簋以瓷爲之圓徑四寸若合形（合即盒字）或
瓶或罍貯鹽花也其揭竹制長四寸一分濶
九分揭策也

熟盂

熟盂以貯熟水或瓷或沙受二升

盌

盌越州上鼎州次婺州次岳州次壽州洪州
次或者以邢州處越州上殊爲不然若邢瓷
類銀越瓷類玉邢不如越一也若邢瓷類雪
則越瓷類冰邢不如越二也邢瓷白而茶色
丹越瓷青而茶色綠邢不如越三也晋杜毓
荈賦所謂器擇陶揀出自東甌甌越也甌越
州上口唇不卷底卷而淺受半斤以下越州
瓷岳瓷皆青青則益茶茶作白紅之色邢州
瓷白茶色紅壽州瓷黄茶色紫洪州瓷褐茶

色黑悉不宜茶

畚

畚以白蒲捲而編之可貯盌十枚或用筥其
紙帊以剡紙夾縫令方亦十之也

札

札緝栟櫚皮以茱萸木夾而縛之或截竹束
而管之若巨筆形

滌方

滌方以貯滌洗之餘用楸木合之制如水方受八升

滓方

滓方以集諸滓制如滌方處五升

巾

巾以絁布爲之長二尺作二枚互用之以潔諸器

具列

具列或作床或作架或純木純竹而製之或木或竹黃黑可扃而漆者長三尺闊二尺高六寸具列者悉斂諸器物悉以陳列也

都籃

都籃以悉設諸器而名之以竹篾內作三角方眼外以雙篾闊者經之以單篾纖者縛之遞壓雙經作方眼使玲瓏高一尺五寸底闊一尺高二寸長二尺四寸闊二尺

茶經卷中終

茶書全集

坤

譜錄類

茶經卷下

唐竟陵陸羽鴻漸撰

五之煮

凡炙茶慎勿於風燼間炙熛焰如鑽使炎涼不均持以逼火屢其飜正候炮（普教反）出培塿狀蝦蟆背然後去火五寸卷而舒則本其始又炙之若火乾者以氣熟止日乾者以柔止其始若茶之至嫩者蒸罷熱搗葉爛而牙笋存焉假以力者持千鈞杵亦不之爛如漆科珠壯士接之不

能駐其指及就則似無穰骨也炙之則其節若倪倪如嬰兒之臂耳既而承熱用紙囊貯之精華之氣無所散越候寒末之（末之上者其屑如細米末之下者其屑如菱角）其火用炭次用勁薪（謂桑槐桐櫪之類也）其炭曾經燔炙爲膻膩所及及膏木敗器不用之（膏木謂柏桂檜也敗器謂朽廢器也）古人有勞薪之味信哉其水用山水上江水中井水下（荈賦所謂水則岷方之注挹彼清流）其山水揀乳泉石池慢流者上其瀑湧湍漱勿食之久食令人有頸疾又多別流於山谷者澄浸不洩自

火天至霜郊以前或潛龍蓄毒於其間飲者可決之以流其惡使新泉涓涓然酌之其江水取去人遠者井取汲多者其沸如魚目微有聲爲一沸緣邊如湧泉連珠爲二沸騰波鼓浪爲三沸已上水老不可食也初沸則水合量調之以鹽味謂棄其啜餘（啜嘗也市稅反又市悅反）無迺䶃䶬而鍾其一味乎（䶃古暫反䶬吐濫反無味也）第二沸出水一瓢以竹筴環激湯心則量末當中心而下有頃勢若奔濤濺沫以所出水止之而育其華也凡酌置

諸盌令沫餑均（字書并本草餑均茗沫也蒲笏反）沫餑湯之華也華之薄者曰沫厚者曰餑細輕者曰花如棗花漂漂然於環池之上又如迴潭曲渚青萍之始生又如晴天爽朗有浮雲鱗然其沫者若綠錢浮於水湄又如菊英墮於鐏俎之中餑者以滓煮之及沸則重華累沫皤皤然若積雪耳荈賦所謂煥如積雪燁若春敷有之第一煮水沸而棄其沫之上有水膜如黑雲母飲之則其味不正其第一者爲雋永（徐縣全縣二反至美者曰雋永雋味也永長也）

史長曰雋永漢書蒯通著雋永二十篇也或留熟以貯之以備育華救沸之用諸第一與第二第三盌次之第四第五盌外非渴甚莫之飲凡煑水一升酌分五盌盌數少至三多至五若人多至十加兩爐乘熱連飲之以重濁凝其下精英浮其上如冷則精英隨氣而竭飲啜不消亦然矣茶性儉不宜廣則其味黯澹且如一滿盌啜半而味寡况其廣乎其色緗也其馨欻也香至美曰欻欻音備其味甘檟也不甘而苦荈也啜苦咽甘茶也一本云其味苦而不甘檟也甘而不苦荈也

六之飲

翼而飛毛而走呿而言此三者俱生於天地間飲啄以活飲之時義遠矣哉至若救渴飲之以漿蠲憂忿飲之以酒蕩昏寐飲之以茶茶之為飲發乎神農氏聞於魯周公齊有晏嬰漢有楊雄司馬相如吳有韋曜晉有劉琨張載遠祖納謝安左思之徒皆飲焉滂時浸俗盛於國朝兩都并荊俞俞當作渝巴渝也間以為比屋之飲飲有觕茶散茶末茶餅茶者乃斫乃熬乃煬乃舂貯於瓶缶之中以湯沃焉謂之痷茶或用葱薑棗橘皮茱萸薄荷之等煮之百沸或揚令滑或煮去沫斯溝渠間棄水耳而習俗不已於戲天育萬物皆有至妙人之所工但獵淺易所庇者屋屋精極所著者衣衣精極所飽者飲食食與酒皆精極之茶有九難一曰造二曰別三曰器四曰火五曰水六曰炙七曰末八曰煑九曰飲陰採夜焙非造也嚼味嗅香非別也羶鼎腥甌非器也膏薪庖炭非火也飛湍壅潦非水也外熟內生非炙也碧粉縹塵非末也操艱攪遽非煮也夏興冬廢非飲也夫珍鮮馥烈者其盌數三次之者盌數五若坐客數至五行三盌至七行五盌若六人已下不約盌數但闕一人而已其雋永補所闕人

七之事

三皇炎帝神農氏

周魯周公旦

齊相晏嬰

漢僊人丹丘子黃山君司馬文園令相如楊執
戟雄吳歸命侯韋太傅弘嗣
晉惠帝劉司空琨琨兄子兗州刺史演張黃門
孟陽傅司隸咸江洗馬統孫參軍楚左記室太
沖陸吳興納納兄子會稽內史俶謝冠軍安石
郭弘農璞桓揚州溫杜舍人毓武康小山寺釋
法瑤沛國夏侯愷餘姚虞洪北地傅巽丹陽弘
君舉安任育長（育長任瞻字元本遺長字今增之）宣城秦精燉
煌單道開剡縣陳務妻廣陵老姥河內山謙之

後魏瑯琊王肅
宋新安王子鸞鸞弟豫章王子尚鮑昭妹令暉
八公山沙門譚濟
齊世祖武帝
梁劉廷尉陶先生弘景
皇朝徐英公勣
神農食經茶茗久服人有力悅志
周公爾雅檟苦茶廣雅云荊巴間採葉作餅葉
老者餅成以米膏出之欲煮茗飲先炙令赤色
搗末置瓷器中以湯澆覆之用葱薑橘子芼之
其飲醒酒令人不眠
晏子春秋嬰相齊景公時食脫粟之飯炙三弋
五卵茗菜而已
司馬相如凡將篇烏喙桔梗芫華款冬貝母木
檗蔞芩草芍藥桂漏蘆蜚廉雚菌荈詫白斂白
芷菖蒲芒硝莞椒茱萸
揚雄方言蜀西南人謂茶曰蔎
吳志韋曜傳孫皓每饗宴坐席無不率以七勝

為限雖不盡入口皆澆灌取盡曜飲酒不過二
升皓初禮異密賜茶荈以代酒
晉中興書陸納為吳興太守時衛將軍謝安常
欲詣納（晉書以納為吏部尚書）納兄子俶怪納無所備不
敢問之乃私蓄數十人饌安既至所設唯茶果
而已俶遂陳盛饌珍羞必具及安去納杖俶四
十云汝既不能光益叔父柰何穢吾素業
晉書桓溫為揚州牧性儉每讌飲惟下七奠拌
茶果而已

搜神記夏侯愷因疾死宗人字苟奴察見鬼神見愷來收馬并病其妻著平上幘單衣入坐生時西壁大床就人覓茶飲

劉琨與兄子南兗州刺史演書云前得安州乾薑一斤桂一斤黄芩一斤皆所須也吾體中潰悶常仰真茶汝可置之潰當作憒

傅咸司隸教曰聞南方有以困蜀嫗作茶粥賣爲簾事打破其器具　又賣餅於市而禁茶粥以蜀姥何哉

神異記餘姚人虞洪入山採茗遇一道士牽三青牛引洪至瀑布山曰予丹丘子也聞子善具飲常思見惠山中有大茗可以相給祈子他日有甌犧之餘乞相遺也因立奠祀後常令家人入山獲大茗焉

左思嬌女詩吾家有嬌女皎可白晳小字爲紈素口齒自清歷有姊字惠芳眉目燦如畫馳鶩翔園林果下皆生摘貪華風雨中倏忽數百適心爲茶荈劇吹噓對鼎䥶

張孟陽登成都樓詩云借問楊子舍想見長卿廬程卓累千金驕侈擬五侯門有連騎客翠帶腰吳鉤鼎食隨時進百和妙且殊披林採秋橘臨江釣春魚黑子過龍醢果饌踰蟹蝑芳茶冠六情溢味播九區人生苟安樂茲土聊可娛

傅巽七誨蒲桃宛柰齊柿燕栗峘陽黄梨巫山朱橘南中茶子西極石蜜

弘君舉食檄寒溫既畢應下霜華之茗三爵而終應下諸蔗木瓜元李楊梅五味橄欖懸豹葵

羹各一杯孫楚歌茱萸出芳樹顛鯉魚出洛水泉白鹽出河東美豉出魯淵薑桂茶荈出巴蜀椒橘木蘭出高山蓼蘇出溝渠精稗出中田

華佗食論苦茶久食益意思

壺居士食忌苦茶久食羽化與韭同食令人體重

郭璞爾雅注云樹小似梔子冬生葉可煑羮飲今呼早取爲茶晚取爲茗或一日荈蜀人名之苦茶

世説任瞻字育長少時有令名自過江失志既下飲問人云此爲茶爲茗覺人有怪色乃自申明云向問飲爲熱爲冷耳（下飲謂設茶也）

續搜神記晉武帝宣城人秦精常入武昌山採茗遇一毛人長丈餘引精至山下示以叢茗而去俄而復還乃探懷中橘以遺精精怖負茗而歸

晉四王起事惠帝蒙塵還洛陽黄門以瓦盂盛茶上至尊

異苑剡縣陳務妻少與二子寡居好飲茶茗以宅中有古塚每飲輒先祀之二子患之曰古塚何知徒以勞意欲掘去之母苦禁而止其夜夢一人云吾止此塚三百餘年卿二子恒欲見毁賴相保護又享吾佳茗雖潛壤朽骨豈忘翳桑之報及曉於庭中獲錢十萬似久埋者但貫新耳母告二子慙之從是禱饋愈甚

廣陵耆老傳晉元帝時有老姥每旦獨提一器茗往市鬻之市人競買自旦至夕其器不減所得錢散路傍孤貧乞人人或異之州法曹縶之獄中至夜老姥執所鬻茗器從獄牖中飛出

藝術傳燉煌人單道開不畏寒暑常服小石子所服藥有松桂蜜之氣所餘茶蘇而已

釋道該説續名僧傳宋釋法瑶姓楊氏河東人永嘉中過江遇沈臺真君武康小山寺年垂懸車（懸車喻日入之候指人垂老時也淮南子曰日至悲泉爰息其馬亦此意）飯所飲茶永明中勑吳興禮致上京年七十九

宋江氏家傳江統字應遷愍懷太子洗馬常上疏諫云今西園賣醯麪藍子菜茶之屬虧敗國體

宋錄新安王子鸞豫章王子尚詣曇濟道人於八公山道人設茶茗子尚味之曰此甘露也何言茶茗

王微雜詩寂寂掩空閣寥寥空廣厦待君竟不歸收領今就檟

鮑昭妹令暉著香茗賦

南齊世祖武皇帝遺詔我靈座上慎勿以牲爲

祭但設餅果茶飲乾飯酒脯而已
梁劉孝綽謝晉安王餉米等啓傳詔李孟孫宣
教旨垂賜米酒瓜筍菹脯酢茗八種氣苾新城
味芳雲松江潭抽節邁昌荇之珍壃場擢翹越
葺精之美羞非純束野麏裛似雪之驢鮓異陶
瓶河鯉操如瓊之粲茗同食粲酢類望柑免千
里宿舂省三月種聚小人懷惠大懿難忘
陶弘景雜錄苦茶輕換膏昔丹丘子黃山君服
之

後魏錄瑯琊王肅仕南朝好茗飲蓴羹及還北
地又好羊肉酪漿人或問之茗何如酪肅曰茗
不堪與酪爲奴
桐君錄西陽武昌廬江昔陵好茗皆東人作清
茗茗有餑飲之宜人凡可飲之物皆多取其葉
天門冬拔揳取根皆益人又巴東別有眞茗茶
煎飲令人不眠俗中多煮檀葉幷大皁李作茶
並冷又南方有瓜蘆木亦似茗至苦澁取爲屑
茶飲亦可通夜不眠煮鹽人但資此飲而交廣

最重客來先設乃加以香芼輩
坤元錄辰州溆浦縣西北三百五十里無射山
云蠻俗當吉慶之時親族集會歌舞於山上山
多茶樹
括地圖臨遂縣東一百四十里有茶溪
山謙之吳興記烏程縣西二十里有溫山出御
荈
夷陵圖經黃牛荊門女觀望州等山茶茗出焉
永嘉圖經永嘉縣東三百里有白茶山

淮陰圖經山陽縣南二十里有茶坡
茶陵圖經云茶陵者所謂陵谷生茶茗焉本草
木部茗苦茶味甘苦微寒無毒主瘻瘡利小便
去痰渴熱令人少睡秋採之苦主下氣消食注
云春採之佳
本草菜部苦茶一名茶一名選一名游冬生益
州川谷山陵道傍淩冬不死三月三日採乾注
云疑此卽是今茶一名茶令人不眠本草注按
詩云誰謂茶苦又云堇茶如飴皆苦菜也陶謂

之苦荼木類非菜流茗春採謂之苦搽（途遐反）

枕中方療積年瘻苦荼蜈蚣並炙令香熟等分擣篩煮甘草湯洗以末傅之

孺子方療小兒無故驚蹶以苦荼葱鬚煮服之

八之出

山南以峽州上（峽州生遠安宜都夷陵三縣山谷）襄州荊州次（襄州生南鄣縣山谷荊州生江陵縣山谷）衡州下（生衡山茶陵二縣山谷）金州梁州又下（金州生西城安康二縣山谷梁州生襃城金牛二縣山谷）

淮南以光州上（生光山縣黃頭港者與峽州同）義陽郡舒州次（生義陽縣鍾山者與襄州同舒州生太湖縣潛山者與荊州同）壽州下（生盛唐縣霍山者與衡山同）蘄州黃州又下（蘄州生黃梅縣山谷黃州生麻城縣山谷並與荊州梁州同）

浙西以湖州上（湖州生長城縣顧渚山谷與峽州光州同若生山桑儒師二塢白茅山懸腳嶺與襄州荊南義陽郡同生鳳亭山伏翼閣飛雲曲水二寺啄木嶺與壽州常州同生安吉武康二縣山谷與金州梁州同）常州次（常州義興縣生君山懸腳嶺北峰下與荊州義陽郡同生圈嶺善權寺石亭山與舒州同）宣州杭州睦州歙州下（宣州生宣城縣雅山與蘄州同太平縣生上睦臨睦與黃州同杭州臨安於潛二縣生天目山與舒州同錢唐生天竺靈隱二寺睦州生桐廬縣山谷歙州生婺源山谷與衡州同）潤州蘇州又下（潤州江寧縣生傲山蘇州長洲縣生洞庭山與金州蘄州梁州同）

劍南以彭州上（生九隴縣馬鞍山至德寺棚口與襄州同）綿州蜀州次（綿州龍安縣生松嶺關與荊州同其西昌昌明神泉縣西山者並佳有過松嶺者不堪採蜀州青城縣生丈人山與綿州同青城縣有散茶木茶）邛州次雅州瀘州下（雅州百丈山名山瀘州瀘川者與金州同也）眉州漢州又下（眉州丹稜縣生鐵山者漢州綿竹縣生竹山者與潤州同）

浙東以越州上（餘姚縣生瀑布泉嶺曰仙茗大者殊異小者與襄州同）明州婺州次（明州貨縣生榆莢村婺州東陽縣東白山與荊州同）台州下（台州豐縣生赤城者與歙州同）

黔中生恩州播州費州夷州

江南生鄂州袁州吉州

嶺南生福州建州韶州象州（福州生閩縣方山之陰）其恩播費夷鄂袁吉福建韶象十一州未詳往往得之其味極佳

九之略

其造具若方春禁火之時於野寺山園叢手而掇乃蒸乃舂乃煬以火乾之則又棨撲焙貫棚穿育等七事皆廢其煮器若松間石上可坐則

具列廢用槁薪鬥櫪之屬則風爐灰承炭檛火筴交床等廢若瞰泉臨澗則水方滌方漉水囊廢若五人已下茶可味而精者則羅廢若援藟躋嵒引絙入洞於山口炙而末之或紙包合貯則碾拂末等廢既瓢盌筴札熟盂鹺簋悉以一筥盛之則都籃廢但城邑之中王公之門二十四器闕一則茶廢矣

十之圖

以絹素或四幅或六幅分布寫之陳諸座隅則

茶之源之具之造之器之煑之飲之事之出之略目擊而存於是茶經之始終備焉

茶經卷下終

茶經跋

余嘗過竟陵憩羽故寺訪鴈橋觀茶井慨然想見其爲人夫羽少厭髡緇篤嗜墳素本非忘世者卒迺寄號桑苧遁跡苕雪嘯歌獨行繼以痛哭其意必有所在時迺比之接輿豈知羽者哉至其性甘茗荈味辨淄澠清風雅趣膾炙今古張顛之於酒也昌黎以爲有所託而逃羽亦以是夫

史官童承敘題

余嘗讀東坡汲江煎茶詩愛其得鴻漸風味再讀孫山人太初夜起煑茶詩又愛其得東坡風味試於二詩三咏之兩腋風生雲霞泉石磊磈胸次矣嬰之不越鴻漸茶經中經舊刻入百川學海竟陵龍盖寺有茶井在焉寺僧眞清嗜茶復掇張歐浮槎等記并唐宋題詠附刻于經但學海刻非全本而竟陵本更煩穢余故刪次雕于埒參軒時於松風竹月宴坐行吟眠雲吸花清譚展卷輿自不減東坡太初奚止六府睡神

去數朝詩思清哉與茶侶者當以余言解頤

西吴張睿卿書

茶錄

（宋）蔡　襄　撰

《茶錄》，（宋）蔡襄撰。蔡襄（一〇一二—一〇六七），字君謨，興化軍仙遊縣（今福建仙遊）人。任泉州知府時，主持建造中國現存年代最久的跨海梁式大石橋泉州洛陽橋；任福建路轉運使時，倡植福州至漳州七百里驛道松；在建州時，主持製作武夷茶精品『小龍團』。工書法，善詩文，爲『宋四家』之一，有《蔡忠惠公全集》。

該書共一卷，分上下兩篇。上篇『論茶』，分十節，各節按照順序爲『色』『香』『味』『藏茶』『炙茶』『碾茶』『羅茶』『候湯』『熁盞』『點茶』；下篇『論茶器』，分九節，包括『茶焙』『茶籠』『砧椎』『茶鈐』『茶碾』『茶羅』『茶盞』『茶匙』『茶瓶』。全面記述了當時流行的團茶製作方法和品飲經驗，並有所創新。

該書有《百川學海》《格致叢書》等版本，後者爲明萬曆三十一年（一六〇三）胡氏刻本（胡文煥輯校），現藏於國家圖書館及華南農大農史室等單位。今據南京圖書館藏明刻《茶書全集》本影印。

（何彦超　惠富平）

茶錄序

朝奉郎右正言同修起居注臣蔡襄上進

臣前因奏事伏蒙

陛下諭臣先任福建轉運使日所進上品龍茶最爲精好臣退念草木之微首辱

陛下知鑒若處之得地則能盡其材昔陸羽茶經不第建安之品丁謂茶圖獨論採造之本至于烹試曾未有聞臣輒條數事簡而易明勒成二篇名曰茶錄伏惟

清閒之宴或賜

觀采臣不勝惶懼榮幸之至謹序

茶錄序畢

茶録全

宋莆陽蔡襄君謨著

上篇茶論

色

茶色貴白而餅茶多以珍膏油去聲其面故有青黃紫黑之異善別茶者正如相工之眎人氣色也隱然察之于內以肉理實潤者爲上既已末之黃白者受水昏重青白者受水鮮明故建安人鬭試以青白勝黃白

香

茶有真香而入貢者微以龍腦和膏欲助其香建安民間試茶皆不入香恐奪其真若烹點之際又雜珍果香草其奪益甚正當不用

味

茶味主于甘滑惟北苑鳳凰山連屬諸焙所產者味佳隔溪諸山雖及時加意製作色味皆重莫能及也又有水泉不甘能損茶味前世之論水品者以此

藏茶

茶宜蒻葉而畏香藥喜溫燥而忌濕冷故收藏之家以蒻葉封裹入焙中兩三日一次用火常如人體溫溫則禦濕潤若火多則茶焦不可食

炙茶

茶或經年則茶色味皆陳於淨器中以沸湯漬之刮去膏油一兩重乃止以鈐箝之微火炙乾然後碎碾若當年新茶則不用此說

碾茶

碾茶先以淨紙密裹椎碎然後熟碾其大要旋碾則色白或經宿則色已昏矣

羅茶

羅細則茶浮麤則水浮

候湯

候湯最難未熟則沫浮過熟則茶沉前世謂之蟹眼者過熟湯也沉瓶中煮之不可辯故曰候湯最難

熁盞

凡欲點茶先須熁盞令熱冷則茶不浮

點茶

茶少湯多則雲腳散湯少茶多則粥面聚（建人謂之雲腳粥面）鈔茶一錢匕先注湯調令極勻又添注入環迴擊拂湯上盞可四分則止眡其面色鮮白著盞無水痕爲絕佳建安鬬試以水痕先者爲負耐久者爲勝故較勝負之說曰相去一水兩水

下篇論茶器

茶焙

茶焙編竹爲之裹以蒻葉蓋其上以收火也隔其中以有容也納火其下去茶尺許常溫溫然所以養茶色香味也

茶籠

茶不入焙者宜密封裹以蒻籠盛之置高處不近濕氣

砧椎

砧椎蓋以碎茶砧以木爲之椎或金或鐵取於

便用

茶鈐

茶鈐屈金鐵爲之用以炙茶

茶碾

茶碾以銀或鐵爲之黄金性柔銅及碖石皆能生鉎音星不入用

茶羅

茶羅以絶細爲佳羅底用蜀東川鵝溪畫絹之密者投湯中揉洗以冪之

茶錄 四 宇

茶盞

茶色白宜黑盞建安所造者紺黑紋如兎毫其坯微厚熁之久熱難冷最爲要用出他處者或薄或色紫皆不及也其青白盞鬬試家自不用

茶匙

茶匙要重擊拂有力黄金爲上人間以銀鐵爲之竹者輕建茶不取

湯瓶

瓶要小者易候湯又點茶注湯有準黄金爲上

人間以銀鐵或甆石爲之

茶錄終

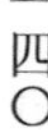

茶録後序

臣皇祐中修

起居注奏事

仁宗皇帝屢承

天問以建安貢茶并所以試茶之狀臣謂論茶

雖禁中語無事于密造茶録二篇上進後知

福州爲掌書記竊去藏稿不復能記知懷安

縣樊紀購得之遂以刋勒行於好事者然多

舛謬臣追念

先帝顧遇之恩攬本流涕輒加正定書之于石

以永其傳

治平元年五月二十六日三司使給事中臣蔡

襄謹記

茶錄後序

茶錄後序

茶爲物之至精而小團又其精者録叙所謂上品龍茶者是也葢自君謨始造而歲貢焉仁宗尤所珍惜雖輔相之臣未嘗輒賜惟南郊大禮致齋之夕中書樞密院各四人共一賜一餅宮人剪金爲龍鳳花草貼其上兩府八家分割以歸不敢碾試相家藏以爲寶時有佳客出而傳翫爾至嘉祐七年親享明堂齋夕始人賜一餅余亦忝預至今藏之余自以諫官供奉仗內至

登二府二十餘年纔一獲賜而丹成龍駕舐鼎莫及每一捧玩清血交零而已因君謨著錄輙附于後庶知小團自君謨始而可貴如此

治平甲辰七月丁丑廬陵歐陽脩書還公期書室

茶錄後序畢

東溪試茶錄

（宋）宋子安 撰

《東溪試茶錄》，（宋）宋子安撰。宋子安，具體事迹無考。

該書《文獻通考·經籍考·農家類》有著錄。《宋史·藝文志》中，書名缺了一個『試』字，應是傳刻時遺漏了。晁公武《郡齋讀書志》稱此書『集拾丁、蔡之遺』，所謂『丁』是指丁謂，『蔡』是指蔡襄，即該書是對丁謂《北苑茶錄》和蔡襄《茶錄》所作的補遺。

宋氏自序稱該書寫作時間『近蔡公作《茶錄》』，就是説本書寫作年代距離蔡襄作《茶錄》不是很遠，大約也在北宋皇祐前後。書中論茶以東溪茶爲主。東溪地在建安，是閩茶的主要産地。

該書一卷，八目。前五目歷叙諸焙，大意就是茶在草木當中最有靈性，『去畝步之間，別移其性』，『或相去咫尺而優劣頓殊』。因此對於各焙的距離遠近的講説極爲詳盡。在『茶名』條中，作者指出：『柑葉茶樹高丈餘，細葉茶樹高者五六尺，叢茶叢生高不數尺。』由此可以推想當時摘葉茶樹的大小。此外採茶、茶病兩部分，記述採茶和治茶技術，非常細緻。

該書曾被輯入咸淳本《左氏百川學海》戊集、弘治本《百川學海》壬集，還輯入胡文煥《格致叢書》第三十四册、《百家名書》第三十七册（萬曆三十一年序刊本）、喻政編《茶書》元部第一册（萬曆四十年序刊本）等，以最初的《百川學海》本最佳。今據南京圖書館藏明萬曆四十一年（一六一三）刻本影印。

（何彦超　惠富平）

東溪試茶錄

宋建安朱子安著

建首七閩山川特異峻極迴環勢絶如甌其陽多銀銅其陰孕鉛鐵厥土赤墳厥植惟茶會建而上羣峰益秀迎抱相向草木叢條水多黃金茶生其間氣味殊美豈非山川重複土地秀粹之氣鍾於是而物得以宜歟北苑西距建安之洄溪二十里而近東至東宮百里而遥溪名有三十六東宮其一也過洄溪踰東宮則僅能成餅耳獨北苑

連屬諸山者最勝北苑前枕溪流北涉數里茶皆氣弇然色濁味尤薄惡況其遠者乎亦猶橘過淮爲枳也近蔡公作茶錄亦云隔溪諸山雖及時加意製造色味皆重矣今北苑焙風氣亦殊先春朝隮常雨霽則霧露昏蒸晝午猶寒故茶宜之茶宜高山之陰而喜日陽之早自北苑鳳山南直苦竹園頭東南屬張坑頭皆高遠先陽處歲發常早芽極肥乳非民間所比次出壑源嶺高土沃地茶味甲于諸焙丁謂亦云鳳山

高不百丈無危峰絶崦而岡阜環抱氣勢柔秀宜乎嘉植靈卉之所發也又以建安茶品甲于天下疑山川至靈之卉天下始和之氣盡此茶矣又論石乳出壑嶺斷崖缺石之間蓋草木之仙骨丁謂之記録建溪茶事詳備矣至于品載止云北苑壑源嶺及總記官私諸焙千三百三十六耳近蔡公亦云唯北苑鳳凰山連屬諸焙所產者味佳故四方以建茶爲首皆曰北苑建人以近山所得故謂之壑源好者亦取壑源口

南諸葉皆云彌珍絶傳致之間識者以色味品第反以壑源為疑今書所異者從二公紀土地勝絶之目具疏園隴百名之異香味精麤之别庶知茶於草木為靈最矣去畝步之間别移其性又以佛嶺葉源沙溪附見以質二焙之美故曰東溪試茶錄自東宫西溪南焙北苑皆不足品第今略而不論

揔敘焙名 北苑諸焙或還民間或隸北苑前書未盡今始終其事

舊記建安郡官焙三十有八自南唐歲率六縣

民採造大爲民間所苦我宋建隆以來環北苑近焙歲取上供外焙俱還民間而裁税之至道年中始分游坑臨江汾常西濛洲西小豐大熟六焙隸南劍又免五縣茶民專以建安一縣民力裁足之而除其口率泉慶曆中取蘇口曾坑石坑重院還屬北苑焉又丁氏舊録云官私之焙千三百三十有六而獨記官焙三十二東山之焙十有四北苑龍焙一乳橘內焙二乳橘外焙三重院四壑嶺五謂源六范源七蘇口八東

宫九石坑十建溪十一香口十二火梨十三開山十四南溪之焙十有二下瞿一濛洲東二汾東三南溪四斯源五小香六際會七謝坑八沙龍九南鄉十中瞿十一黄熟十二西溪之焙四慈善西一慈善東二慈惠三船坑四北山之焙二慈善東一豐樂二

北苑曾坑石坑附

建溪之焙三十有二北苑首其一而園別爲二十五苦竹園頭甲之鼯鼠窠次之張坑頭又次

之苦竹園頭連屬窠坑在大山之北園植北山之陽大山多脩木叢林鬱蔭相及自焙口達源頭五里地遠而益高以園多苦竹故名曰苦竹以高遠居衆山之首故曰園頭直西定山之隈土石廻向如窠然南挾泉流積陰之處而多飛鼠故曰鼯鼠窠其下曰小苦竹園又西至于大園絶山尾疎竹蓊翳昔多飛雉故曰雞數窠又南出壤園麥園言其土壤沃宜麰麥也自青山曲折而北嶺勢屬如貫魚凡十有二又隈曲如

寮巢者九其地利爲九寮十二壠隈深絶數里曰廟坑坑有山神祠焉又焙南直東嶺極高峻曰教練壠東入張坑南距苦竹帶北岡勢橫直故曰坑坑又北出鳳凰山其勢中跱如鳳之首兩山相向如鳳之翼因取象焉鳳凰山東南至于袁雲壠又南至于張坑又南最高處曰張坑頭言昔有袁氏張氏居于此因名其地焉出袁雲之北平下故曰平園絶嶺之表曰西際其東爲東際焙東之山縈紆如帶故曰帶園其中曰

中歷坑東又曰馬鞍山又東黃淡窠謂山多黃淡也絕東爲林園又南曰柢園又有蘇口焙與北苑不相屬昔有蘇氏居之其園別爲四其最高處曰曾坑際上又曰尼園又北曰官坑上園下坑園慶曆中始入北苑歲貢有曾坑上品一斤叢出於此曾坑山淺土薄苗發多紫復不肥乳氣味殊薄今歲貢以苦竹園茶充之而蔡公茶錄亦不云曾坑者佳又石坑者涉溪東北距焙僅一舍諸焙絕下慶曆中分屬北苑園之別

有十一曰大畲二曰石雞望三曰黃園四曰石坑古焙五曰重院六曰彭坑七曰蓮湖八曰嚴曆九曰烏石高十曰高尾山多古木脩林今爲本焙取材之所園焙歲久今廢不開二焙非産茶之所今附見之

壑源 葉源附

建安郡東望北苑之南山叢然而秀高峙數百丈如郭郭焉民間所謂捍火山也其絶頂西南下視建之地邑民間謂之望州山山起壑源口而西周抱北苑之

群山迤邐南絕其尾巋然山阜高者爲壑源頭言壑源嶺山自此首也大山南北以限沙溪其東曰壑水之所出水出山之南東北合爲建溪壑源口者在北苑之東北南徑數里有僧居曰承天有園隴北稅官山其茶甘香特勝近焙受水則渾然色重粥面無澤道山之南又西至于章歷章歷西曰後坑西曰連焙南曰焙山又南曰新宅又西曰嶺根言北山之根也茶多植山之陽其土赤埴其茶香少而黃白嶺根有流泉

清淺可涉涉泉而南山勢回曲東去如鉤故其地謂之壑嶺坑頭茶爲勝絕處又東別爲大窠坑頭至大窠爲正壑嶺寔爲南山土皆黑埴茶生山陰厥味甘香厥色青白及受水則淳淳光澤民間謂之冷粥面視其面渙散如粟雖去社芽葉過老色益青清氣益鬱然其止則苦去而甘至民間謂之草木大而味大是也他焙芽葉過老色益青濁氣益勃然其止則味去而苦留爲異矣大窠之東山勢平盡曰壑嶺尾茶生其間色黑而味多土氣絕

大窠南山其陽曰林坑又西南曰壑嶺根其西曰壑嶺頭道南山而東曰穿欄焙又東曰黄際其北曰李坑山漸平下茶色黄而味短自壑嶺尾之東南溪流繚遶岡阜不相連附極南塢中曰長坑踰嶺爲葉源又東爲梁坑而盡于下湖葉源者土赤多石茶生其中色多黄青無粥面粟紋而頗明爽復性重喜沉爲次也

佛嶺

佛嶺連接葉源下湖之東而在北苑之東南隔

婺源溪水道自章版東際爲丘坑坑口西對婺源亦曰婺口其茶黃白而味短東南曰曾坑今屬北苑其正東曰後歷曾坑之陽曰佛嶺又東至于張坑又東曰李坑又有硬頭後洋蘇池蘇源郭源南源畢源苦竹坑岐頭槎頭皆周環佛嶺之東南茶少甘而多苦色亦重濁又有簣源簣音膽未詳此字石門江源白沙皆在佛嶺之東北茶泛然縹塵色而不鮮明味短而香少爲劣耳

沙溪

沙溪去北苑西十里山淺土薄茶生則葉細芽不肥乳自溪口諸焙色黃而土氣自龔漈南曰挺頭又西曰章坑又南曰永安西南曰南坑漈其西曰砰溪又有周坑范源溫湯漈厄源黃坑石窟李坑章坑章村小梨皆屬沙溪茶大率氣味全薄其輕而浮浡浡如土色製造亦殊壑源者不多留膏蓋以去膏盡則味少而無澤也茶之面無光澤也故多苦而少甘

茶名

茶之名類殊別故錄之

茶之名有七。一曰白葉茶，民間大重，出于近歲，園焙時有之。地不以山川遠近，發不以社之先後，芽葉如紙，民間以爲茶瑞，取其第一者爲鬭茶，而氣味殊薄，非食茶之比。今出壑源之大窠者六（葉仲元、葉世萬、葉世榮、葉湧、葉世積、葉相），壑源巖下一（葉務滋），源頭二（葉團、葉肱），壑源後坑一（葉久），壑源嶺根三（葉公、葉品、葉居），林坑黄漈一（游容），丘坑一（游用章），畢源一（王大照），佛嶺尾一（游道生），沙溪之大梨漈上一（謝汀），高石巖一（雲擦院），大梨一（吕演），碎溪嶺根一（任道者）。次有柑葉茶，樹高丈餘徑頭七八寸葉厚而圓狀類柑橘之葉其芽發即肥乳長二寸許爲食茶之上品三曰早茶亦類柑葉發常先春民間採製爲試焙者四曰細葉茶葉比柑葉細薄樹高者五六尺芽短而不乳今生沙溪山中蓋土薄而不茂也五曰稽茶葉細而厚密芽晚而青黄六曰晚茶蓋雞茶之類發比諸茶晚生于社後七日叢茶亦曰蘖茶叢生高不數尺一歲之間發者數四貧民取以爲利

採茶 辨茶須知製造之始故次

建溪茶比他郡最先北苑壑源者尤早歲多暖則先驚蟄十日卽芽歲多寒則後驚蟄五日始發先芽者氣味俱不佳唯過驚蟄者最爲第一民間常以驚蟄爲候諸焙後北苑者半月去遠則益晚凡採茶必以晨興不以日出日出露晞爲陽所薄則使芽之膏腴消耗于內茶及受水而不鮮明故常以早爲最凡斷芽必以甲不以指以甲則速斷不柔以指則多溫易損擇之必

精灌之必潔，蒸之必香，火之必良，一失其度，俱爲茶病。民間常以春陰爲採茶得時，日出而採，則芽葉易損，建人謂之採摘不鮮是也。

茶病 試茶辨味，必須知茶之病，故又次之。

芽擇肥乳，則甘香而粥面着盞而不散。土瘠而芽短，則雲脚渙亂，去盞而易散。葉梗半，則受水鮮白；葉梗短，則色黃而泛。梗謂芽之身，除去白合處，茶民以茶之色味俱在梗中。烏蔕、白合，茶之大病。不去烏蔕，則色黃黑而惡；不去白合，則味苦澀。丁謂之論備矣。蒸芽必熟，去膏必盡。蒸芽未熟，則草木氣存；適口則知。去膏未盡則色濁而味重受煙則香奪壓黃則味失此皆茶之病也（受煙謂過黃時火中有煙使茶香盡而煙臭不去也壓去膏之時久留茶黃未造使黃經宿香味俱失弇然氣如敗雞卵臭也）

右東溪試茶錄一卷皇朝朱子安集拾丁蔡之遺東溪亦建安地名其序謂七閩至國朝草木之異則產臘茶荔子人物之秀則產狀頭宰相皆前代所未有以時而顯可謂美矣然其草木味厚難多食人物多智難獨任亦地氣之異云澶淵晁公武題

大觀茶論

（宋）趙佶撰

《大觀茶論》，（宋）趙佶撰。趙佶（一〇八二—一一三五），北宋第八位皇帝，即宋徽宗，在政治上無顯著成績，但以書畫名世，又精通茶藝。

宋代茶葉種植規模擴大，茶葉製作技術不斷進步，飲茶風尚盛行，因而趙佶有了寫作基礎。該書一卷，共二十篇，主要講述北苑茶的種植、採摘、製作以及品鑒。

該書開篇説茶事在日常生活中必不可少，茶吸取天地靈氣，可以消除人體内積滯，使人神清氣爽。作者提出，種植茶樹一定要向陽的山崖或者有遮陽的茶圃，這樣才能陰陽相濟。同時還提出，採茶時間要『得天時』，氣候『以黎明見日則止』。採茶方法則主張新採嫩葉應當投入水中，以保持鮮嫩。書中關於造水技術、點茶技藝、茶葉色香味的品鑒方法以及點茶用具的論述，也是宋代茶書中最爲精妙的。

該書傳世版本《説郛》本，爲清順治三年（一六四六）宛委山堂刻本。今據南京圖書館藏《説郛》本影印。

（何彦超　惠富平）

大觀茶論

宋 徽宗

嘗謂首地而倒生所以供人求者其類不一穀粟之于饑絲枲之于寒雖庸人孺子皆知常須而日用不以時歲之舒迫而可以興廢也至若茶之為物擅甌閩之秀氣鍾山川之靈禀祛襟滌滯致清導和則非庸人孺子可得而知矣中澹閒潔韻高致静則非遑遽之時可得而好尚矣本朝之興歲修建溪之貢龍團鳳餅名冠天下而壑源之品亦自此而盛延及于今百廢俱舉海内

晏然垂拱密勿幸致無為縉紳之士韋布之流沐浴膏澤薫陶德化盛以雅尚相推從事茗飲故近歲以來采擇之精製作之工品第之勝烹點之妙莫不盛造其極且物之興廢固自有時然亦係乎時之汙隆時或遑遽人懐勞悴則向所謂常須而日用猶且汲汲營求惟恐不獲飲茶何暇議哉世既累洽人恬物熙則常須而日用者固久厭飫狼籍而天下之士勵志清白競為閒暇修索之玩莫不碎玉鏘金啜英咀華較筐篋之精爭鑒

栽之别雖下士于此時不以蓄茶為羞可謂盛世之清尚也嗚呼至治之世豈惟人得以盡其材而草木之靈者亦得以盡其用矣偶因暇日研究精微所得之妙後人有不自知為利害者叙本末列于二十篇號曰茶論

地產

植產之地崖必陽圃必陰蓋石之性寒其葉抑以瘠其味疎以薄必資陽和以發之土之性敷其葉疏以暴其味強以肆必資陰蔭以節之今圃家皆植木以資茶之陰陰陽相濟

則茶之滋長得其宜

天時

茶工作于驚蟄尤以得天時為急輕寒英華漸長條達而不迫茶工從容致力故其色味兩全若或時暘欝燠芽甲奮暴促工暴力隨稿晷刻所迫有蒸而未及壓壓而未及研研而未及製茶黄留積其色味所失已半故焙人得茶天為慶

采擇

擷茶以黎明見日則止用爪斷芽不以指揉慮氣汗熏漬茶不鮮潔故茶工多以新汲水自隨得芽則投諸水凡芽如雀舌穀粒者為鬬品一鎗一旗為揀芽一鎗二旗為次之餘斯為下茶之始芽萌則有白合既擷則有烏帶白合不去害茶味烏帶不去害茶色

蒸壓

茶之美惡尤係于蒸芽壓黃之得失蒸太生則芽滑故色青而味烈過熟則芽爛故茶色赤而不膠壓久則氣

竭味漓不及則色暗味澁蒸芽欲及熟而香壓黃欲膏盡亟止如此則製造之功十已得七八矣

製造

滌芽惟潔濯器惟淨蒸壓惟其宜研膏惟熟焙火惟良飲而有少砂者滌濯之不精也文理燥赤者焙火之過熟也夫造茶先度日晷之短長均工力之衆寡會采擇之多少使一日造成恐茶過宿則害色味

鑒辨

茶之範度不同，如人之有首面也。膏稀者其膚蹙以文，膏稠者其理斂以實，即日成者其色則青紫，越宿製造者其色則慘黑，有肥凝如赤蠟者末雖白受湯則黃，有縝密如蒼玉者末雖灰受湯愈白，有光華外暴而中暗者，有明白內備而表質者，其首面之異同難以槩論。要之色瑩徹而不駁，質縝繹而不浮，舉之凝結，碾之則鏗然，可驗其為精品也。有得于言意之表者，可以心解。又有貪利之民購求外焙已采之芽，假以製造，碎已成之

餅易以範模雖名氏采製似之其膚理色澤何所逃于鑒賞哉

白茶

白茶自爲一種與常茶不同其條敷闡其葉瑩薄崖林之間偶然生出雖非人力所可致有者不過四五家生者不過一二株所造止于二三胯而已芽英不多尤難蒸焙湯火一失則已變而爲常品須製造精微運度得宜則表裏昭徹如玉之在璞它無與倫也淺焙亦有之

但品不及

羅碾

碾以銀為熟鐵次之生鐵者非掏揀搥磨所成間有黑屑藏于隙穴害茶之色尤甚凡碾為製槽欲深而峻輪欲銳而薄槽深而峻則底有準而茶常聚輪銳而薄則運邊中而槽不戛羅欲細而面緊則絹不泥而常透碾必力而速不欲久恐鐵之害色羅必輕而平不厭數庶已細者不耗惟再羅則入湯輕泛粥面光凝盡茶之色

盞

盞色貴青黑玉毫條達者爲上取其煥發茶采色也底必差深而微寛底深則茶宜立而易于取乳寛則運筅旋徹不礙擊拂然須度茶之多少用盞之大小盞高茶少則掩蔽茶色茶多盞小則受湯不盡盞惟熱則茶發立耐久

筅

茶筅以觔竹老者爲之身欲厚重筅欲疎勁本欲壯而

末必眇當如劒瘠之狀蓋身厚重則操之有力而易于運用筅疎勁如劒瘠則擊拂雖過而浮沫不生

鉼

鉼宜金銀小大之制惟所裁給注湯害利獨鉼之口嘴而已嘴之口差大而宛直則注湯力緊而不散嘴之末欲圓小而峻削則用湯有節而不滴瀝蓋湯力緊則發速有節不滴瀝則茶面不破

杓

杓之大小當以可受一盞茶為量過一盞則必歸其餘不及則必取其不足傾杓煩數茶必冰矣

水

水以清輕甘潔為美輕甘乃水之自然獨為難得古人品水雖曰中泠惠山為上然人相去之遠近似不常得但當取山泉之清潔者其次則井水之常汲者為可用若江河之水則魚鼈之腥泥濘之汙雖輕甘無取凡用湯以魚目蟹眼連繹迸躍為度過老則以少新水投之

就火頃刻而後用

點

點茶不一而調膏繼刻以湯注之手重筅輕無粟文蟹眼者謂之靜面點蓋擊拂無力茶不發立水乳未浹又復增湯色澤不盡英華淪散茶無立作矣有隨湯擊拂手筅俱重立文泛泛謂之一發點蓋用湯已故指腕不圓粥面未凝茶力已盡雲霧雖泛水脚易生妙于此者量茶受湯調如融膠環注盞畔勿使侵茶勢不欲猛先

須攪動茶膏漸加擊拂手輕筅重指遶腕旋上下透徹如酵蘖之起麵疎星皎月燦然而生則茶之根本立矣第二湯自茶面注之周回一線急注急上茶面不動擊拂既力色澤漸開珠璣磊落三湯多寘如前擊拂漸貴輕勻周環旋復表裏洞徹粟文蟹眼泛結雜起茶之色十已得其六七四湯尚嗇筅欲轉稍寛而勿速其清真華彩既已煥發雲霧漸生五湯乃可少縱筅欲輕勻而透達如發立未盡則擊以作之發立已過則拂以斂之

結浚靄結凝雪茶色盡矣六湯以觀立作乳點勃結則以筅著居緩遶拂動而已七湯以分輕清重濁相稀稠得中可欲則止乳霧洶湧溢盞而起周回旋而不動謂之咬盞宜勻其輕清浮合者飲之桐君錄曰茗有餑飲之宜人雖多不為過也

味

夫茶以味為上香甘重滑為味之全惟北苑壑源之品兼之其味醇而乏風骨者蒸壓太過也茶鎗乃條之始

萌者木性酸鎗過長則初甘重而終微澀茶旗乃葉之方敷者葉味苦旗過老則初雖留舌而飲徹反甘矣此則芽胯有之若夫卓絶之品真香靈味自然不同

香

茶有真香非龍麝可擬要須蒸及熟而壓之及乾而研研細而造則和美具足入盞則馨香四達秋爽洒然或蒸氣如桃人夾雜則其氣酸烈而惡

色

點茶之色以純白為上真青白為次灰白次之黃白又次之天時得于上人力盡于下茶必純白天時暴暄芽萌狂長采造留積雖白而黃矣青白者蒸壓微生灰白者蒸壓過熟壓膏不盡則色青暗焙火太烈則色昏赤

藏焙

數焙則首面乾而香減失焙則雜色剝而味散要當新芽初生即焙以去水陸風濕之氣焙用熟火置爐中以靜灰擁合七分露火三分亦以輕灰糝覆良久即置焙

簍上以逼散焙中潤氣然後列茶于其中盡展角焙未可蒙蔽候火速徹覆之火之多少以焙之大小增減探手中爐火氣雖熱而不至逼人手者為良時以手挼茶體雖甚熱而無害欲其火力通徹茶體爾或曰焙火如人體溫但能燥茶皮膚而已内之濕潤未盡則復蒸暍矣焙畢即以用久竹漆器中緘藏之陰潤勿開終年再焙色常如新

品名

名茶各以聖產之地葉如耕之平園台星岩葉剛之高峰青鳳髓葉思純之大嵐葉嶼之眉山葉五崇林之羅漢上水桑芽葉堅之碎石窠石臼窠（一作穴窠）葉瓊葉輝之秀皮林葉師復師貺之虎岩葉椿之無又岩芽葉懋之老窠園葉各擅其美未嘗混淆不可概舉後相爭相鬻互為剥竊參錯無據不知茶之美惡在于製造之工拙而已豈崗地之虛名所能增減哉焙人之茶固有前優而後劣者昔負而今勝者是亦園地之不常也

外焙

世稱外焙之茶臠小而色駁體耗而味淡方之正焙昭然則可近之好事者篋笥之中往往半之蓄外焙之品蓋外焙之家久而益工製之妙咸取則于壑源傚像規模摹外為正殊不知其臠雖等而蔑風骨色澤雖潤而無藏蓄體雖實而縝密乏理味雖重而澁滯乏香何所逃乎外焙哉雖然有外焙者有淺焙者蓋淺焙之茶去壑源為未遠製之能工則色亦瑩白擊拂有度則體亦

立湯惟甘重香滑之味稍遠于正焙耳于治外焙則迴然可辨其有甚者又至于采柿葉桴欖之萌相雜而造味雖與茶相類點時隱隱如輕絮泛然茶面粟文不生乃其驗也桑苧翁曰雜以卉莽飲之成病可不細鑒而熟辨之

說郛卷九十三上

品茶要錄

（宋）黄　儒　撰

《品茶要錄》，（宋）黄儒撰。黄儒，字道輔（一説道父），建安（今屬福建南平市）人，熙寧六年（一〇七三）進士。蘇軾爲《品茶要錄》作跋，稱黄儒『博學能文，淡然精深，有道之士也……作《品茶要錄》十篇，委曲精妙，皆陸鴻漸以來論茶者所未及』。據蘇軾所言，黄儒善於思辨而不求聞達，但『不幸早亡』。

該書一卷，有總論、後論各一篇，正文部分又分爲『采造過時』『白合盜葉』『入雜』『蒸不熟』『過熟』『焦釜』『壓黄』『漬膏』『傷焙』『辨壑源沙溪』十目，專門論述檢驗方法及製茶之病，辨析詳細，内容有繼承，也有創新，特色明顯，具有很強的實踐性和專業性。書中除了對色香味形四個内容的評鑒有集中記述，還在視覺、味覺、嗅覺和觸覺四個手段的綜合運用上具有很強的專業性。其論述手法以『茶病』爲目，但内容上處處以『製造』爲着眼點，找出茶病的根源，指出療病的良方，針對性很強，體現出茶葉品質檢驗的主要功能，是一部精當客觀的茶葉評鑒檢驗理論著作。

該書的版本主要有明代程伯二刊本、《説郛》本、《茶書全集》本、《夷門廣牘》本、《五朝小説》本以及《古今圖書集成》本。今據南京圖書館藏明萬曆四十一年（一六一三）刻本影印。

（何彦超　惠富平）

品茶要錄目錄

品茶目録終

品茶要錄

宋建安黃儒道父著

總論

說者常怪陸公茶經不第建安之品蓋前此茶事未甚興靈芽真筍往往委翳消腐而人不知惜自國初以來士大夫沐浴膏澤詠歌昇平之日久矣夫體態灑落神觀冲淡惟兹茗飲爲可喜園林亦相與摘英誇異制棬鬻薪而移時之好故殊絕之品始得自出於蓁莽之間而其名

遂冠天下借使陸羽復起閱其金餅味其雲腴
當爽然自失矣因念草木之材一有負瓌偉絕
特者未嘗不遇而後興况於人乎然士大夫間
爲珍藏精誠之具非會雅好眞未嘗輙出其好
事者又嘗論其采制之出入器用之宜否較試
之湯火圖於縑素傳玩于時獨未補於賞鑒之
明爾蓋園民射利膏油其面香色品味易辨而
難詳予因閱收之暇爲原采造之得失較試之
低昂次爲十説以中其病題曰品茶要錄云

一采造過時

茶事起於驚蟄前，其采芽如鷹爪，初造曰試焙，又曰一火，次曰二火。二火之茶，已次一火矣。故市茶芽者，惟同出於三火前者爲最佳。尤喜薄寒氣候，陰不至凍，茶芽尤畏霜寒，有造於一火二火皆遇霜，而三火霜霽，則三火之茶勝矣。晛不至暄，則穀芽含養而滋長有漸，采工亦優爲矣。凡試時泛色鮮白，隱於薄霧者，得於佳時而然也。有造於積雨者，其色昏黃；或氣候暴暄，茶芽蒸發，采工汗手薰漬，揀摘不給，則

製造雖多皆爲常品矣試時色非鮮白水脚微紅者過時之病也

二白合盜葉

茶之精絶者曰鬬曰亞鬬其次揀芽茶鬬品雖最上園戶或止一株蓋天材間有特異非能皆然也且物之變勢無窮而人之耳目有盡故造鬬品之家有昔優而今劣前負而後勝者雖人工有至有不至亦造化推移不可得而擅也其造一火曰鬬二火曰亞鬬不過十數銙而已揀

芽則不然，徧園隴中擇其精英者爾。其或貪多務得，又滋色澤，往往以白合盜葉間之。試時色雖鮮白，其味澀淡者，間白合盜葉之病也。（一鷹爪之芽有兩小葉抱而生者，白合也；新條葉細而色白者，盜葉也。）

三入雜

物固不可以容僞，況飲食之物，尤不可也。故茶有入他草者，建人號爲入雜。銙列入柿葉，常品入桴檻葉。二葉易致，又滋色澤，園民欺售直而爲之。試時無粟紋甘香，盞面浮散，隱如微毛，或

星星如纖絮者入雜之病也善茶品者側盞視之所入之多寡從可知矣嚮上下品有之近雖銙列亦或勻使

蒸不熟

穀（茶）芽初采不過盈掬而已趨時爭新之勢然也既采而蒸既蒸而研蒸有不熟之病有過熟之病蒸而不熟者雖精芽所損已多試時色青易沉味爲桃仁之氣者蒸不熟之病也唯正熟者味甘香

五過熟

茶芽方蒸以氣爲候視之不可以不謹也試時葉黄而粟紋大者過熟之病也然雖過熟愈于不熟甘香之味盛也故君謨論色則以青白勝黄白余論味則以黄白勝青白

六焦釜

茶蒸不可以逾久久而過熟過熟又久則湯乾而焦釜之氣上升茶工有乏之新湯以益之是致薰損而茶黄試時色多昏紅氣焦味惡者焦釜

之病也建人號爲熱鍋

七壓黄

茶已蒸者爲黄黄細則已入棬模制之矣蓋清潔鮮明則香色如之故采佳品者常於半曉間衝蒙雲霧或以罐汲新泉懸胸間得必投其中蓋欲鮮也其或日氣烘爍茶芽暴長工力不及其采芽已陳而不及蒸蒸而不及研研或出宿而後製試時色不鮮明薄如壞卵氣者壓黄之病也

八清膏

茶餅光靑又如䕃潤者榨不乾也榨欲盡去其膏膏盡則有如乾竹葉之狀惟夫飾首面者故榨不欲乾以利易售試時色雖鮮白其味帶苦者清膏之病也

九傷焙

夫茶本以芽葉之物就之棬模既出棬上笪焙之用火務合通熟卽以火覆之虛其中以熱火氣然茶民不喜用實炭號爲冷火以茶餅新濕

欲速乾以見售故用火常帶煙焰烟焰既多稍失看候以故薰損茶餅試時其色紅氣味帶焦者傷焙之病也

十辨壑源沙溪

壑源沙溪其地相背而中隔一嶺其勢無數里之遠然茶產頓殊有能出力移栽植之亦為土氣所化竊嘗怪茶之為草一物爾其勢必猶得地而後異豈水絡地脈偏鍾粹於壑源豈御焙占此大岡巍隴神物伏護得其餘蔭耶何其甘

芳精至而獨擅天下也觀夫春雷一驚筠籠纔起售者已擔簦挈槖於其門或先期而散留金錢或茶纔入笪而爭酬所直故壑源之茶常不足客所求間有黠獪之園民陰取沙溪茶黃雜而製之人徒趨其名睨其規模之相若不能原其實者蓋有之矣凡壑源之茶售以十則沙溪之茶售以五其直大率做此然沙溪之園民亦勇于射利或雜以松黃飾其首面或肉理怯薄體輕而色黃試時雖鮮白不能久香薄而味短

者沙溪之品也凡肉理實厚體堅而色紫試時泛盃凝久香滑而味長者壑源之品也

後論

余嘗論茶之精絕者其白合未開其細如麥蓋得青陽之清輕者也又其山多帶砂石而號嘉品者皆在山南蓋得朝陽之和者也余嘗事閒乘晷景之明淨適軒亭之瀟灑一取佳品嘗試既而神水生於華池愈甘而新其有助乎然建安之茶散入下者不爲也而得建安之精品不

爲多蓋有得之者不能辨能辨矣或不善於烹試善烹試矣或非其時猶不善也況非其賓乎然未有主賢而賓愚者也夫惟知此然後盡茶之事昔者陸羽號爲知茶然羽之所知者皆今所謂茶草也何哉如鴻漸所論蒸筍并葉畏流其膏蓋茶草味短而淡故常恐去膏建茶力厚而甘故惟欲去膏又論福建爲未詳往往得之其味極佳由是觀之鴻漸未嘗到建安歟

黃儒事蹟無考按文獻通考陳振孫曰品茶

要錄一卷元祐中東坡嘗跋其後今蘇集不載此跋而陳氏之言必有所據豈蘇文尚有遺耶然則儒與蘇公同時人也徐𤊹識

宣和北苑貢茶錄

（宋）熊蕃 撰

《宣和北苑貢茶錄》，（宋）熊蕃撰。熊蕃，字叔茂，生活於宋室南渡前後，福建建陽人。博學多才，善作文，工詩賦。因厭惡世俗，不應科舉。入武夷山，在八曲建獨善堂隱居，人稱『獨善先生』。平生嗜茶，熟悉茶事，著有《製茶十詠》等。

北苑位於建安東部的鳳凰山麓，宋太平興國年間在這裏製造磚茶。到宣和年間，以貢茶聞名。熊氏親自觀察茶葉生産與製作情況，並作了記錄，撰成此書，共一卷，圖三十八幅。該書在簡述建安茶的沿革、貢茶的變遷、茶芽的等級之後，列舉了四十餘種貢茶的名稱及其製造年份。熊氏之子熊克曾把貢茶的形態和尺寸一一標注，並將父親的『御苑採茶歌』十首並序文輯入書中，於淳熙九年（一一八二）刊行。

該書原刊本並無流傳，輯錄本有：涵芬樓《説郛》卷六十，重校《説郛》第九十三，《五朝小説》宋人百家第三十册，喻政《茶書全集》元部第一册，《讀畫齋叢書》辛集。《讀畫齋叢書》本由汪繼壕校勘作注。（日）青木正兒編譯的《中華茶書》對本書進行了譯注。今據南京圖書館藏明萬曆四十一年（一六一三）刻本影印。

（惠富平　何彦超）

宣和北苑貢茶錄

宋建陽熊蕃叔茂著

陸羽茶經裴文茶述皆不第建品說者謂二子未嘗至閩而不知物之發也固自有時蓋昔者山川尚閟靈芽未露至於唐猶然北苑後出爲之最是時魏蜀辭臣毛天錫作茶譜亦第言建有紫笋而蠟面乃產於福五代之季建屬南唐歲率諸縣民采茶北苑初造研膏繼造蠟面既造製其佳者號曰京鋌聖朝開寶末下南唐太

蘂乳或又名的乳耶

平興國初特置龍鳳模遣使即北苑造團茶而龍鳳茶蓋始於此又一種茶叢生石崖枝葉尤茂至道初有詔造之別號石乳又一種號蘂乳又一種號白乳蓋自龍鳳與京石的白四種詔出而臘面降爲下矣蓋龍鳳等茶皆太宗朝所製至咸平初丁晉公漕閩始載之於茶錄慶曆中蔡君謨將漕創小龍團以進被旨乃歲貢之自小團出而龍鳳遂爲次矣元豐間有旨造密雲龍其品加於小團之上紹聖間改爲瑞雲祥

焙至大觀初今上親製茶論二十篇以白茶者
爲不可得偶然生出非人力可致於是白茶遂
爲第一旣又製三色細芽及試新銙貢新銙自
三色細芽出而瑞雲祥龍顧居下矣凡茶芽數
品最上曰小芽如雀舌鷹爪以其勁直纖銳故
號芽茶次曰中芽乃一芽帶一葉者號一鎗一
旗次曰中芽乃一芽帶兩葉者號一鎗兩旗帶
三葉四葉皆漸老矣芽茶早春極小景德中建
守周絳爲茶經言茶芽只作草茶馳奉萬乘嘗

北苑貢茶錄

之可以如一鎗一旗可謂奇茶也故一鎗一旗號揀芽最爲奇特先正舒王送人官閩中詩云新茗齋中試一旗謂揀芽也或者乃謂茶芽未展爲鎗已展爲旗指舒王此詩爲誤蓋不知有所謂揀芽也夫揀芽猶貴如此而況茶芽以供天子所新嘗者乎芽茶絶矣至於水芽則曠古未之聞也宣和庚子歲漕臣鄭公可簡始創爲銀線水芽蓋將已揀熟再剔去只取其心一縷用珍器貯清泉漬之光明瑩潔若銀線然以制

方寸新銙有小龍蜿蜒其上號龍團勝雪又廢白的石三乳鼎造化銙二十餘色初貢茶皆入龍腦至是慮奪眞味始不用焉盖茶之妙至勝雪極矣故合爲首冠然猶在白茶之次者以白茶上所號也異時郡人黄儒撰品茶要録極稱當時靈芽之富謂使陸羽數子見之必爽然自失蕃亦謂使黄君而閲今日則前乎此者未足詫焉然龍焙初興貢數殊少累增至于元符以片計者一萬八千視昔已加數倍而猶未盛今

則爲四萬七千一百片有奇矣此數見范逵所著龍焙美成茶錄逵茶官也自白茶勝雪以次厥名實繁今列于左使好事者得觀焉

貢新銙大觀二年造　試新銙政和二年造

白茶政和二年造　龍團勝雪宣和二年造

御苑玉芽大觀二年造　萬壽龍芽大觀二年造

上林第一宣和二年造　乙夜供清宣和二年造

承平雅玩宣和二年造　龍鳳英華宣和二年造

玉除清賞宣和二年造　啓沃承恩宣和二年造

雪英（宣和三年造）

雲葉（宣和三年造）

蜀葵（宣和三年造）

金錢（宣和三年造）

玉華（宣和三年造）

寸金（宣和三年造）

無比壽芽（大觀四年造）

萬春銀葉（宣和二年造）

宜年寶玉（宣和二年造）

玉清慶雲（宣和二年造）

無疆壽龍（宣和二年造）

玉葉長春（宣和四年造）

瑞雲翔龍（紹聖二年造）

長壽玉圭（政和二年造）

興國岩銙

香口焙銙

上品揀芽（紹聖二年造）

新收揀芽

太平嘉瑞 政和二年造

龍苑報春 宣和四年造

南山應瑞 宣和四年造

興國岩揀芽

興國岩小龍

興國岩小鳳 已上號細色

揀芽

小龍

小鳳

大龍

大鳳 以上號麤色

又有瓊林毓粹浴雪呈祥壑源供季貴篚推先價倍南金暘谷先春壽岩却勝延平石乳清白可鑒風韻甚高凡十色皆宣和二年所製越五

歲省去

右茶歲貢十餘綱惟白茶與勝雪自驚蟄前興役浹日乃成飛騎疾馳不出中春已至京師號爲頭綱玉芽以下即先役以次發遞貢足時夏過半矣歐陽文忠公詩曰建安三千五百里京師三月嘗新茶蓋異時如此以今較昔又爲最早因念草木之微有瓌奇卓異亦必逢時而後出而況爲士者哉昔昌黎先生感二鳥之蒙采擢而自悼其不如今蒙於是茶也焉敢效昌黎

之自警惟堅其守以待時而已

貢新銙 竹圈 方一寸二分

試新銙 竹圈 方一寸二分

龍團勝雪 銀圈 銀模 徑一寸五分

萬壽龍芽 銀圈 銀模 徑一寸五分

御苑玉芽 銀圈 銀模 徑一寸五分

白茶 銀圈 銀模 徑一寸五分

上林第一 竹圈 方一寸二分

乙夜清供 竹圈 方一寸二分

承平雅玩　竹圈　方一寸二分

龍鳳英華　竹圈　方一寸二分

玉除清賞　竹圈　方一寸二分

啓沃承恩　竹圈　方一寸二分

雪英　銀模　横長一寸五分

雲葉　銀模　横長一寸五分

蜀葵　銀模　徑一寸五分

金錢　銀模　徑一寸五分

玉華　銀模　横長一寸五分

寸金　竹圈　方一寸二分

無比壽芽　銀模　竹圈　橫長一寸五分　方一寸二分

萬春銀葉　銀模　兩尖徑二寸二分

宜春寶玉　銀模　銀圈　直長三寸

玉清慶雲　銀模　銀圈　方一寸八分

無疆壽龍　銀模　竹圈　直長三寸

玉葉長春　竹圈　直長一寸六分

瑞雲祥龍　銀模　銅圈　徑長一寸五分

長壽玉圭　銀模　直長三寸

興國岩銙　竹圈　方一寸二分

香口焙銙 竹圈 方一寸二分

上品揀芽 銀模 銅圈 徑二寸五分

龍苑報春 銀圈 徑寸七分

太平嘉瑞 銀圈 徑二寸五分

新收揀芽 銀圈 徑二寸五分

南山應瑞 銀圈 銀模 方一寸八分

興國岩揀芽 銀模 徑三寸

小龍 銀模 銅圈 徑四寸五分

小鳳 銀模 銅圈 徑四寸五分

大龍銀模銅圈

大鳳銀模銅圈

宣和北苑貢茶錄後序

先人作茶錄當貢品極盛之時凡有四十餘色紹興戊寅歲克攝事北苑閱近所貢皆仍舊其先後之序亦同惟躋龍團勝雪于白茶之上及無興國若小龍小鳳蓋建炎南渡有旨罷貢三之一而省去之也先人但著其名號克今更寫其形製庶覽者無遺恨焉先是任子春漕司再葺茶政越十三載乃復舊額且用政和故事補種茶二萬株政和間曾種三萬株次年益虔貢職遂有創

增之者仍改京鋌爲大龍團由是大龍多于大鳳之數凡此皆近事或者猶未知之也三月初吉男克北苑寓舍書

北苑貢茶最盛然前輩所録止於慶曆以上自元豐之密雲龍紹聖之瑞雲龍相繼挺出製精于舊而未有好事者記焉但見於詩人句中及大觀以來增創新銙亦猶用揀芽蓋水芽至宣和始有顧龍團勝雪與白茶角立歲充首貢復自御苑玉芽以下厥名實繁先子親見時事悉

能記之成編具存今閩中漕臺所刊茶錄未備此書庶幾補其闕云

淳熙九年冬十二月四日朝散郎行秘書郎兼國史編脩官權直學士院熊克謹記

熊蕃字叔茂建陽人唐建州刺史慱九世孫善屬文長於吟咏不復應舉築堂名獨善號獨善先生嘗著茶錄釐別品第高下最爲精當又有製茶十咏及文稿三卷行世徐𤍠書

北苑别録

（宋）趙汝礪　撰

《北苑别錄》，（宋）趙汝礪撰。趙汝礪是熊蕃的門生，曾擔任福建轉運使，主管賬司。在擔任福建轉運使期間，認爲熊蕃《宣和北苑貢茶錄》中所記還欠完備，於是撰寫了《北苑别錄》一書作爲補充。

全書一卷，分列十二條，即御園、開焙、採茶、揀茶、蒸茶、榨茶、研茶、造茶、過黄（乾燥）、綱次（運輸）、開畲（茶園管理）、外焙（附屬茶園）。書中記載了四十六處御園的位置，然後詳細介紹茶葉的採製方法。如採摘必須於日出前至午前進行，以使茶湯鮮明。採回芽葉要進行分揀加工，製成餅茶，用箬葉包裹放入綾羅小箱，運往宫内。在『揀茶』條中提出：『小芽者其小如鷹爪』『中芽古謂之一鎗一旗是也』『紫芽葉之紫者是也』『白合乃小芽有兩葉抱而生者是也』，又稱『凡茶以水芽爲上，小芽次之，中芽又次之，紫芽、白合、烏蔕皆在所不取』，論述精妙，體現出作者豐富的實踐經驗。

本書有明代《説郛》本、《茶書全集》本、《五朝小説》本、清代《古今圖書集成》本、《讀畫齋叢書》本、民國《叢書集成》本。今據南京圖書館藏《讀畫齋叢書》本影印。

（惠富平　何彦超）

北苑別錄

宋 趙汝礪 撰

建安之東三十里有山曰鳳凰其下直北苑旁聯諸焙厥土赤壤厥茶惟上上太平興國中初爲御焙歲模龍鳳以羞貢篚益表珍異慶歷中漕臺益重其事品數日增制度日精厥今茶自北苑上者獨冠天下非人間所可得也方其春蟲震蟄千夫雷動一時之盛誠爲偉觀故建人謂至建安而不詣北苑與不至者同僕因攟事

遂得研究其始末姑摭其大槩條爲十餘類目曰北苑别録云

御園

九窠十二隴 按建安志茶隴註云九窠十二隴卽土之凹凸處凹爲窠凸爲隴○繼壕按朱子安試茶錄自青山曲折而北北嶺勢屬貫魚凡十有二又隈曲如窠巢者九其地利爲九窠十二隴

麥窠 按宋子安試茶錄作麥園言其土壤沃並宜䅘麥也與此作麥窠異

壤園 繼壕按試茶錄雞窠又南曰壤園麥園

龍遊窠

小苦竹 繼壕按試茶錄作小苦竹園園在鼯鼠窠下

苦竹裏

雞藪窠 按朱子安試茶錄小苦竹園又西至大園絶尾疏竹蓊翳多飛雉故曰雞藪窠○繼壕按

太平御覽引建安記雞巖隔澗西與武彝相對半巖有雞窠四枚石峭上不可登履時有羣雞百飛翔雄者類鶤鵠福建通志云崇安縣武彝山大小二藏峯峯臨澄潭其半爲雞窠巖一名金雞洞雞藪窠未知即在此否

苦竹

繼壕按試茶錄自焙口達源頭五里地遠而益高以園多苦竹故名曰苦竹以遠居衆山之首故曰園頭下苦竹源當即苦竹園頭

苦竹源

鼯鼠窠

按宋子安試茶錄直西定山之隈土石迴向如窠然泉流積陰之處多飛鼠故曰鼯鼠窠

教煉壠

繼壕按試茶錄作教練壠焙南直東嶺極高峻曰教練壠東入張抗南距苦竹說郛煉亦作練

鳳凰山

繼壕按試茶錄横坑又北出鳳皇山其勢中跱如鳳之首兩山相向如鳳之翼因取象焉曹學佺輿地名勝志甌寧縣鳳皇山其上有鳳皇泉一名龍焙泉又名御泉宋以來上供茶取此水濯之其麓即北苑蘇東坡序略

云北苑龍焙山如翔鳳下飲之狀山最高處有乗風堂堂側豎石碣字大尺許宋慶歷中柯適記御茶泉深僅二尺許下有暗渠與山下溪合泉從渠出日夜不竭又龍山與鳳皇山對峙宋咸平間丁謂于茶堂之前引二泉爲龍鳳池其中爲紅雲島四面植海棠池旁植柳旭日始升時晴光掩映如紅雲浮于其上方輿紀要鳳皇山一名茶山又壑源山在鳳皇山南山之茶爲外焙綱俗名捍火山又名望州山福建通志鳳皇山今在建安縣吉苑里

大小㷟 繼壕按說郛㷟作焊試茶錄壑源條云建安郡東望北苑之南山叢然而秀高峙數百丈如郛郭焉注云民間所謂捍火山也焊疑當作捍

橫坑 繼壕按試茶錄敘練壠帶北岡勢橫直故曰坑

猿遊隴 按宋子安試茶錄鳳皇山東南至于袁雲隴又南至于張坑言昔有袁氏張氏居于此因名其地焉與此作猿遊隴異

張坑 繼壕按試茶錄張坑

又南最高處曰張坑頭

帶園繼壕按試茶錄焙東之山縈紆如帶故曰帶園其中曰中歷坑

焙東

中歷按朱子安試茶錄作中歷坑

東際繼壕按試茶錄袁雲壟之北絕嶺之表曰西際其東爲東際

西際

官平繼壕按試茶錄袁雲壟之北平下故曰平園當郎官平

上下官坑繼壕按試茶錄曾坑又北曰官坑上園下坑慶歷中始入北苑說郛在石碎窠下

石碎窠繼壕按徽宗大觀茶論作碎石窠

虎膝窠

樓壠

蕉窠

新園

夫樓基按建安志作大樓基○繼壕按說郛作天樓基

阮坑，

曾坑繼壕按試茶錄云又有蘇口焙與北苑不相屬昔有蘇氏居之其園別爲四其最高處曰曾坑歲貢有曾坑上品一斤曾坑山土淺薄苗發多紫復不肥乳氣味殊薄今歲貢以苦

竹園　充之葉夢得避暑錄話云北苑茶正所產爲曾坑謂之正焙非曾坑爲沙溪謂之外焙二地相去不遠而茶種懸絶沙溪色白過于曾坑但味短而微澀識茶者一啜如別涇渭也

黄際　繼壕按試茶錄壑源條道南山而東曰窮欄焙又東曰黄際　馬鞍山　繼壕按試茶錄帶園東又曰馬鞍山福建通志建寧府建安縣有馬鞍山在郡東北三里許一名瑞峯左爲雞籠山當郎此山　林園　繼壕按試茶錄北苑焙絶東曰林園　和

尚園　黄淡窠　繼壕按試茶錄馬鞍山又東曰黄淡窠謂山多黄淡也

吳彦山　羅漢山　水桑窠　師姑園　繼壕按說郛在下

銅場　銅場　繼壕按福建通志鳳皇山在東者曰銅場峯　靈滋

范馬園　高畬　大窠頭　繼壕按試茶錄壑源條坑頭至大窠爲正

窠頭

小山

右四十六所，方廣袤三十餘里。自官平而上為內園，官坑而下為外園。方春靈芽莩坼，繼壕按說郛作萌坼常先民焙十餘日，如九窠十二隴、龍遊窠、小苦竹、張坑、西際，又為禁園之先也。

開焙

驚蟄節萬物始萌，每歲常以前三日開焙，遇閏則反之，繼壕按說郛反作後以其氣候少遲故也。按建安志候當驚蟄萬物始萌，漕司常前三日開焙，令春夫喊山以助和氣，遇閏則後二日。○繼壕按試茶錄建溪茶比他郡最先北苑壑源者尤早歲多暖則先驚蟄十日即芽歲多寒則後驚蟄五日始發先芽者氣味俱不佳唯過驚蟄者最爲第一民間常以驚蟄爲候

採茶

採茶之法須是侵晨不可見日侵晨則夜露未晞茶芽肥潤見日則爲陽氣所薄使芽之膏腴内耗至受水而不鮮明故每日常以五更撾鼓集羣夫于鳳皇山（山有打鼓亭）監採官人給一牌入山至辰刻則復鳴鑼以聚之恐其踰時貪多務得也大抵採茶亦須習熟募夫之際必擇土著

及諸曉之人非特識茶早晚所在而於採摘亦知其指要蓋以指而不以甲則多溫而易損以甲而不以指則速斷而不柔從舊說也故採夫欲其習熟政爲是耳採夫日役二百二十五人○繼㯋按說郛作二百二十二人徽宗大觀茶論擷茶以黎明見日則止用爪斷芽不以指採慮氣汗熏漬茶不鮮潔故茶工多以新汲水自隨得芽則投諸水試茶錄民間常以春陰爲採茶得時日出而採則芽葉易損建人謂之採摘不鮮是也

揀茶

茶有小芽有中芽有紫芽有白合有烏蔕此不

可不辨小芽者其小如鷹爪初造龍園勝雪白茶以其芽先次蒸熟置之水盆中剔取其精英僅如鍼小謂之水芽是芽中之最精者也中芽古謂繼壕按說郛有之字一鎗一旗是也紫芽葉之繼壕按原本作以據說郛改紫者是也白合乃小芽有兩葉抱而生者是也烏蔕茶之蔕頭是也凡茶以水芽爲上小芽次之中芽又次之紫芽白合烏蔕皆在所不取繼壕按大觀茶論茶之始芽萌則有白合既擷則有烏蔕白合不去害茶味烏蔕不去害茶色原本脫不字據說郛補使其擇焉而精則茶之色味

無不佳萬一雜之以所不取則首面不匀色濁而味重也繼壕按西溪叢語建州龍焙有一泉極清澹謂之御泉用其池水造茶即壞茶味惟龍園勝雪白茶二種謂之水芽先蒸後揀每一芽先去外兩小葉謂之烏蔕又次去兩嫩葉謂之白合留小心芽置于水中呼爲水芽聚之稍多即研焙爲二品即龍園勝雪白茶也茶之極精好者無出于此每胯計工價近三十千其他茶雖好皆先揀而後蒸研其味次第減也

蒸茶

茶芽再四洗滌取令潔淨然後入甑俟湯沸蒸之然蒸有過熟之患有不熟之患過熟則色黃

而味淡不熟則色青易沈而有草木之氣唯在得中之爲當也

榨茶

茶既熟謂茶黃須淋洗數過欲其冷也方入小榨以去其水又入大榨出其膏水芽以馬榨壓之以其芽嫩故也○繼壕按說郛馬作高先是包以布帛束以竹皮然後入大榨壓之至中夜取出揉勻復如前入榨謂之翻榨徹曉奮擊必至于乾淨而後已蓋建茶味遠而力厚非江茶之比江茶畏流其膏建茶惟恐其

膏之不盡膏不盡則色味重濁矣

研茶

研茶之具以柯爲杵以瓦爲盆分團酌水亦皆有數上而勝雪白茶以十六水下而揀芽之水六小龍鳳四大龍鳳二其餘皆以十二焉自十二水以上日研一團自六水而下日研三團至七團每水研之必至于水乾茶熟而後已水不乾則茶不熟茶不熟則首面不勻煎試易沈故研夫猶貴於强而有力者也嘗謂天下之理未

有不相須而成者有北苑之芽而後有龍井之水其深不以丈尺繼壕按文有脫誤說郛無此六字亦誤柯適記御茶泉云深僅二尺許淸而且甘晝夜酌之而不竭凡茶自北苑上者皆資焉亦猶錦之於蜀江膠之於阿井詎不信然

造茶

造茶舊分四局匠者起好勝之心彼此相誇不能無弊遂併而爲二焉故茶堂有東局西局之名茶銙有東作西作之號凡茶之初出研盆盪

之欲其匀揉之欲其膩然後入圈製銙隨笪過黄有方銙有花銙有大龍有小龍品色不同其名亦異故隨綱繫之於貢茶云

過黄

茶之過黄初入烈火焙之次過沸湯爁之凡如是者三而後宿一火至翌日遂過煙焙焉然煙焙之火不欲烈烈則面炮而色黑又不欲煙煙則香盡而味焦但取其温温而已凡火數之多寡皆視其銙之厚薄銙之厚者有十火至於十

五火銙之薄者亦繼壕按說郛無亦字八火至于六火火數既足然後過湯上出色出色之後當置之密室急以扇扇之則色自然光瑩矣

綱次繼壕按西溪叢語云茶有十綱第一第二綱太嫩第三綱最妙自六綱至十綱小團至大團而止第一名曰試新第二名曰貢新第三名有十六色第四名有十二色第五次有十二色已下五綱皆大小團也云云其所記品目與錄同唯錄載細色麤色共十二綱而寬云十綱又云第一名試新第二名貢新又細色第五綱十二色內有先春一色而無興國巖揀芽並與錄異疑寬所據者宣和時修貢錄而此則本于淳熙間修貢錄也清波雜志云淳熙間親黨許仲

啟宮麻沙得北苑修貢錄序以刊行其間載歲貢十有二綱凡三等四十一名第一綱曰龍焙貢新止五十餘夸貴重如此正與錄合會敏行獨醒雜志云北苑產茶今歲貢三等十有二綱四萬八千餘銙事文類聚續集云宣政間鄭可簡以貢茶進用久領漕計創添續入其數浸廣今猶因之

細色第一綱

龍焙貢新水芽十二水十宿火正貢三十銙創添二十銙按建安志云頭綱用社前三日進發或稍遲亦不過社後三日第二綱以後只火候數足發多不過十日麤色雖于五旬內製畢卻候細綱貢絕以次進發第一綱拜其餘不拜謂非享上之物也

細色第二綱

龍焙試新 水芽十二水十宿火正貢一百銙創添五十銙 按建安志云數有正貢有添貢有續添正貢之外皆起於鄭可簡爲漕日增

細色第三綱

龍園勝雪 按建安志云龍園勝雪用十六水十二宿火白茶用十六水七宿火勝雪係驚蟄後採造茶葉稍壯故耐火白茶無培壅之力茶葉如紙故火候止七宿水取其多則研夫力勝而色白至火力則但取其適然後不損眞味 水芽十六水十二宿火正貢三十銙續添三十銙創添六十銙 繼壕按說

郛作續添二十鈐創添二十鈐白茶水芽十六水七宿火正

貢三十鈐續添十五鈐繼壕按說郛作五十鈐創添八十

鈐　御苑玉芽按建安志云自御苑玉芽下凡十四品係細色第三綱其製之也皆以十二水唯玉芽龍芽二色火候止八宿蓋二色茶日數比諸茶差早不敢多用火力

小芽繼壕按據建安志小芽當作水芽詳細色五綱條註十二水八宿火

正貢一百片　萬壽龍芽小芽十二水八宿火

正貢一百片　上林第一按建安志云雪英以下六品火用七宿則是茶力既强不必火候太多自上林第一至啟沃承恩凡六品日子之製同故量日力以用火力大抵欲其適當不論採摘日子之淺深而水皆十二研工多則茶色白故耳小芽十

二水十宿火正貢一百銙　乙夜清供小芽十二水十宿火正貢一百銙　承平雅玩小芽十二水十宿火正貢一百銙　龍鳳英華小芽十二水十宿火正貢一百銙　玉除清賞小芽十二水十宿火正貢一百銙　啓沃承恩小芽十二水十宿火正貢一百銙　雪英小芽十二水七宿火正貢一百片　雲葉小芽十二水七宿火正貢一百片　蜀葵小芽十二水七宿火正貢一百片　金錢小芽十二水七宿火正貢一

百片　玉葉小芽十二水七宿火正貢一百片
寸金小芽十二水九宿火正貢一百銙
細色第四綱
龍園勝雪已見前　正貢一百五十銙　無比壽芽
小芽十二水十五宿火正貢五十銙創添五十
銙　萬壽銀芽繼壕按說郛芽作葉西谿叢語作萬春銀葉　小芽十
二水十宿火正貢四十片創添六十片　宜年
寶玉小芽十二水十二宿火繼壕按說郛作十宿火　正貢
四十片創添六十片　玉清慶雲小芽十二水

九窠火（繼壕按說郛作十五窠火）正貢四十片創添六十片

無疆壽龍小芽十二水十五窠火正貢四十片創添六十片

玉葉長春小芽十二水七窠火正貢一百片

瑞雲翔龍小芽十二水九窠火正貢一百八片

長壽玉圭小芽十二水九窠火正貢二百片

興國巖銙（巖屬南州頃遭兵火廢今以北苑芽代之）中芽十二水十窠火正貢二百七十銙

香口焙銙中芽十二水十窠火正貢五百銙（繼壕按說郛作五十銙）

上品揀芽小芽十二水十窠火正

貢一百片　新收揀芽中芽十二水十宿火正貢六百片

細色第五綱

太平嘉瑞小芽十二水九宿火正貢三百片

龍苑報春小芽十二水九宿火正貢六百片繼壕按說郛作六十片蓋誤創添六十片

南山應瑞小芽十二水十五宿火正貢六十銙創添六十銙

興國巖揀芽中芽十二水十宿火正貢五百一十片

興國巖小龍中芽十二水十五宿火正貢

七百五十片繼壕按說郛作七百五片葢誤　興國巖小鳳中

芽十二水十五宿火正貢五十片

先春兩色

太平嘉瑞已見前　正貢二百片　長壽玉圭已見前

正貢一百片

續入額四色

御苑玉芽已見前　正貢一百片　萬壽龍芽已見前

正貢一百片　無比壽芽已見前　正貢一百片

瑞雲翔龍已見前　正貢一百片

麤色第一綱

正貢　不入腦子上品揀芽小龍一千二百片

按建安志云入腦茶水須差多研工勝則香味與茶相入不入腦茶水須差省以其色不必白但欲火候深則茶味出耳

六水十六火　入腦子小龍七百片四水十五宿火

增添　不入腦子上品揀芽小龍一千二百片　入腦子小龍七百片

建寧府附發小龍茶八百四十片

麤色第二綱

正貢　不入腦子上品揀芽小龍六百四十片

入腦子小龍六百四十二片〔繼壕按說郛二作七〕入腦子小鳳一千三百四十四片〔繼壕按說郛四無下四字〕四水十五宿火　入腦子大龍七百二十片二水十五宿火　入腦子大鳳七百二十片二水十五宿火

增添　不入腦子上品揀芽小龍一千二百片　入腦子小龍七百片　建寧府附發小鳳茶一千二百片〔繼壕按說郛二作三〕

麤色第三綱

正貢　不入腦子上品揀芽小龍六百四十片

入腦子小龍六百四十四片繼壕按說郛無下四字入腦子小鳳六百七十二片　入腦子大龍一千八片繼壕按說郛作一千八百片　入腦子大鳳一千八片　增添　不入腦子上品揀芽小龍一千二百片　入腦子小龍七百片　建寧府附發大龍茶四百片大鳳茶四百片

麤色第四綱

正貢　不入腦子上品揀芽小龍六百片　入腦子小龍三百三十六片　入腦子小鳳三百

三十六片　入腦子大龍一千二百四十片
入腦子大鳳一千二百四十片　建寧府附發
大龍茶四百片大鳳茶四百片（繼壕按說郛作四十片疑誤）

麤色第五綱

正貢　入腦子大龍一千三百六十八片　入
腦子大鳳一千三百六十八片　京鋌改造大
龍一千六片（繼壕按說郛作一千六百片）　建寧府附發大
龍茶八百片大鳳茶八百片

麤色第六綱

正貢　入腦子大龍一千三百六十片　入腦子大鳳一千三百六十片　京鋌改造大龍一千六百片　建寧府附發大龍茶八百片大鳳茶八百片　京鋌改造大龍一千三百片　繼壕按說郛三作二

麤色第七綱

正貢　入腦子大龍一千二百四十片　入腦子大鳳一千二百四十片　京鋌改造大龍二千三百五十二片　繼壕按說郛作二千三百二十片　建寧府

附發大龍茶二百四十片大鳳茶二百四十片

京鋌改造大龍四百八十片

細色五綱

按建安志云細色五綱凡四十三品形式各異其間貢新試新龍園勝雪白茶御苑玉芽此五品中水揀第一生揀次之

貢新爲最上後開焙十日入貢龍園勝雪爲最精而建人有直四萬錢之語夫茶之入貢圈以箬葉內以黃斗盛以花箱護以重篚扃以銀鑰花箱內外又有黃羅幕之可謂什襲之珍矣繼壕

按周密乾淳歲時記仲春上旬福建漕司進第一綱茶名北苑試新方寸小夸進御止百夸護

以黃羅輭盈藉以靑蒻裹以黃羅夾複臣封朱印外用朱漆小匣鍍金鎖又以細竹絲織笈貯之凡數重此乃雀舌水芽所造一夸之直四十萬僅可供數甌之啜爾或以一二賜外邸則以生線分解轉遺好事以爲奇玩

麤色七綱按建安志云麤色七綱凡五品大小龍鳳并揀芽悉入腦和膏爲團其四萬餅即兩前茶閩中地煖穀雨前茶已老而味重

揀芽以四十餅爲角小龍鳳以二十餅爲角大龍鳳以八餅爲角圈以箬葉束以紅縷包以紅楮繼壕按說郛楮作紙緘以蒨綾惟揀芽俱以黃焉

開畲

草木至夏益盛故欲導生長之氣以滲雨露之澤每歲六月興工虛其本培其土滋蔓之草遏鬱之木悉用除之政所以導生長之氣而滲雨露之澤也此之謂開畬（按建安志云開畬茶園惡草每遇夏日最烈時用衆鋤治殺去草根以糞茶根名曰開畬若私家開畬即夏半初秋各用工一次故私園最茂但地不及焙之勝耳）惟桐木則留焉桐木之性與茶相宜而又茶至冬則畏寒桐木望秋而先落茶至夏而畏日桐木至春而漸茂理亦然也

外焙

石門　乳吉（繼壕按試茶錄載丁氏舊錄東山之焙十四有乳橘內焙乳橘外焙此作乳吉疑誤）　香口　右三焙常後北苑五七日興工每日採茶蒸榨以過黃悉送北苑併造

舍人熊公博古洽聞嘗于經史之暇緝其先君所著北苑貢茶錄鋟諸木以垂後漕使侍講王公得其書而悅之將命摹勒以廣其傳汝礪白之公曰是書紀貢事之源委與制作之更沿固要且備矣惟水數有贏縮火候有淹亟綱次有後先品色有多寡亦不可以或

闕公曰然遂摭書肆所刊修貢録曰幾水曰火幾宿曰某綱曰某品若干云者條列之又以所采擇製造諸說併麗於編末目曰北苑别録俾開卷之頃盡知其詳亦不爲無補淳熙丙午孟夏望日門生從政郎福建路轉運司主管帳司趙汝礪敬書

熊蕃北苑貢茶録趙汝礪北苑别録陶宗儀說郛曾載之而於别録題曰宋無名氏前 家君從閔漁仲太史處得 四庫書

寫本貢茶錄則有圖有注別錄則有汝礪後序遠勝陶本然說郛於貢茶錄雖僅存圖目而諸目之下皆注分寸又寫本所無別錄麤色第六綱內之大鳳茶小鳳茶二條寫本亦失去其餘字句異同多可是正因取二本互勘更取他書之徵引二錄及記北苑可與二錄相發明者並注于下四庫書舊有案語續注皆稱名以別之庶覽是書者得以正其訛謬云爾嘉慶庚申

仲冬蕭山汪繼壕識于環碧山房

北苑別錄

茶箋

(明)聞龍撰

《茶箋》，（明）聞龍撰。聞龍（一五五一——一六三一），字隱鱗，一字仲連，號飛遁翁，寧波人。性至孝，聞名鄉里。好山水自然，擅長詩書，著作包括《茶箋》《幽貞盧詩草》《行藥吟》《幽貞盧逸稿》等。該書成書年代約在一六一〇年之前。

本書不分卷，與其説是茶書，不如稱之爲一篇叙述親身體驗的茶文。開篇記載的緑茶炒青之法，被視爲古代炒青的規範，至今仍在沿用。在後文三次寫到焙茶，詳細記載了焙茶工藝和親身實踐，對吴興人姚叔度『茶葉多焙一次，則香味遂減一次』之説進行了證實。同時《茶箋》中也提到了羅岕茶，稱羅岕茶使用的是蒸焙工藝。作者對於茶的收藏方法也很有心得，論述精闢。

該書有《説郛續》本，爲清順治四年（一六四七）宛委山堂刻本。今據南京圖書館藏《説郛續》本影印。

（惠富平　何彦超）

茶箋

四明聞龍

茶初摘時須揀去枝梗老葉惟取嫩葉又須去尖與柄恐其易焦此松蘿法也炒時須一人從傍扇之以祛熱氣否則黄色香味俱減予所親試扇者色翠不扇色黄炒起出鐺時置大磁盤中仍須急扇令熱氣稍退以手重揉之再散入鐺文火炒乾入焙蓋揉則其津上浮點時香味易出田子蓺以生曬不炒不揉者爲佳亦未之試耳

經云焙鑿地深二尺闊一尺五寸長一丈上作短墻高二尺泥之以木構於焙上編木兩層高一尺以焙茶茶之半乾昇下棚全乾昇上棚愚謂今人不必全用此法予嘗構一焙室高不踰尋方不及丈縱廣正等四圍及頂綿紙密糊無小罅隙置三四火缸於中安新竹篩於缸內預洗新麻布一片以襯之散所炒茶於篩上闔戶而焙上面不可覆蓋蓋茶葉尚潤一覆則氣悶罨黃須焙二三時俟潤氣盡然後覆以竹箕焙極乾出缸待冷入器收藏後再焙亦用此法色

香與味不致大減

諸名茶法多用炒惟羅蚧宜於蒸焙味真蘊藉世競珍之即顧渚陽羨密邇洞山不復倣此想此法偏宜於蚧未可槩施他茗而經已云蒸之焙之則所從來遠矣

吳人絕重蚧茶往往雜以黃黑箬大是闕事余每藏茶必令樵青入山採竹箭箬拭淨烘乾護罌四週半用剪碎拌入茶中經年發覆青翠如新

吾鄉四陲皆山泉水在在有之然皆淡而不甘獨所

謂宅泉者其源出自四明潺湲洞歷大闌小皎諸名岫廻溪百折幽澗千支沿洄漫衍不舍晝夜唐鄞令王公元偉築埭它山以分注江河自洞抵埭不下三數百里水色蔚藍素砂白石粼粼見底清寒甘滑甲於郡中余愧不能爲浮家泛宅送老於斯每一臨泛浹旬忘返携茗就烹珍鮮特甚洵源泉之最勝甌犧之上味矣以僻在海陬圖經是漏故又新之記罔聞季疵之杓莫及遂不得與谷簾諸泉齒譬猶飛遁吉人滅影貞士直將逃名世外亦且永托知稀矣

山林隱逸水銚用銀尚不易得何况鍑乎若用之恒

而卒歸於鐵也

茶具滌畢覆於竹架俟其自乾爲佳其拭巾只宜拭外切忌拭內蓋布帨雖潔一經人手極易作氣縱器不乾亦無大害

吳興姚叔度言茶葉多焙一次則香味隨減一次予驗之良然但於始焙極燥多用炭箬如法封固即梅雨連旬燥固自若惟開壜頻取所以生潤不得不再焙耳自四五月至八月極宜致謹九月以後天氣漸

肅便可解嚴矣雖然能不弛懈尤妙尤妙

東坡云蔡君謨嗜茶老病不能飲日烹而玩之可發來者之一笑也孰知千載之下有同病焉余嘗有詩云年老耽彌甚脾寒量不勝去烹而玩之者幾希矣因憶老友周文甫自少至老茗碗薰爐無時蹔廢飲茶日有定期旦明晏食禺中餔時下舂黃昏凡六舉而客至烹點不與焉壽八十五無疾而卒非宿植清福烏能畢世安享視好而不能飲者所得不既多乎嘗畜一龔春壺摩挱寶愛不啻掌珠用之旣久外類

紫玉內如碧雲眞奇物也後以殉葬

按經云第二沸留熱以貯之以備育華救沸之用者名曰雋永五人則行三盌七人則行五盌若遇六人但闕其一正得五人即行三盌以雋永補所闕人故不必別約盌數也

羅岕茶記

（明）熊明遇 撰

《羅岕茶記》，（明）熊明遇撰。熊明遇（一五七九——一六四九），字良儒，號壇石，江西南昌進賢縣（今南昌縣）人。歷任長興知縣、兵科給事中、兵部侍郎、南京刑部尚書、工部尚書等職。博學多聞，工於詩文，著述頗豐，有《南樞集》《青玉集》《華日集》《延喜集》《英石集》《馴雉湯集》《綠雲樓集》等。在長興知縣任上曾大力宣傳推廣羅岕茶，作《羅岕茶記》。

該書據傳是屠本畯、馮可賓等人對《羅岕茶疏》的節錄。作者首先論述茶樹的生長環境和採茶季節，認爲茶樹的生長環境與茶樹品質的高低有非常密切的關係，而茶葉採摘季節的選擇，也並非一成不變，要因地制宜、因時制宜，不能因循守舊；適合種茶的環境應當人迹罕至、陽光照射時間長，而羅岕茶的優良品質正是其生長環境所造就的。書中同時提出茶葉的採摘時間應當爲『三前』：社前、火前、雨前。收藏茶葉則要考慮到防潮、祛濕，需要使用箬葉和瓷質的『罌』作爲藏茶器物。關於水質，作者以爲潔淨、甘甜便是可以煎茶的好水，不應過分苛求。茶以淳淡爲貴，否則不能算是好茶。

該書版本有《廣百川學海》本、《説郛續》本。今據南京圖書館藏《説郛續》本影印。

（惠富平　何彦超）

羅岕茶記

西江熊明遇

産茶處山之夕陽勝於朝陽廟後山西向故稱佳總不如洞山南向受陽氣特專稱僊品

茶産平地受土氣多故其質濁岕茗産於高山渾是風露清虚之氣故爲可尚

茶以初出雨前者佳惟羅岕立夏開園吴中所貴梗觕葉厚有蕭箬之氣還是夏前六七日如雀舌者佳最不易得

藏茶宜箬葉而畏香藥喜温燥而忌冷濕收藏時先用青箬以竹絲編之置罌四週焙茶俟冷貯器中以生炭火煅過烈日中暴之令滅亂插茶中封固罌口覆以新磚置高爽近人處霉天雨候切忌發覆須於晴明取少許別貯小缾空缺處即以箬填滿封置如故方爲可久或夏至後一焙或秋分後一焙

烹茶水之功居六無泉則用天水秋雨爲上梅雨次之秋雨洌而白梅雨醇而白雪水五谷之精也色不能白養水須置石子於甕不惟益水而白石清泉會

心亦不在遠

茶之色重味重香重者俱非上品松羅香重六安味苦而香與松羅同天池亦有草萊氣龍井如之至雲霧則色重而味濃矣嘗啜虎丘茶色白而香似嬰兒肉真精絶

茶色貴白然白亦不難泉清瓶潔葉少水洗旋烹旋啜其色自白然真味抑鬱徒爲目食耳若取青緑則天池松蘿及岕之最下者雖冬月色亦如苔衣何足爲妙莫若余所收洞山茶自穀雨後五日者以湯薄

瀹貯壺良久其色如玉至冬則嫩綠味甘色淡韻清氣醇亦作嬰兒肉香而芝芬浮蕩則虎丘所無也

茶譜

（明）顧元慶 撰

《茶譜》，（明）顧元慶撰。顧元慶（一四八七——一五六五），字大有，號大石山人，明代江蘇長洲（今吳縣）人。平生以書、史自娛，學識廣博，著述頗豐，有《瘞鶴銘考》《夷白齋詩話》等十餘種。其居處『顧家青山』有『夷白樓』，藏書萬卷，作者擇其善本刊刻之，署曰『陽山顧氏文房』。行世刻本《明朝四十家小説》裏有八種爲顧氏自作，其中之一即《茶譜》。或稱該書爲其友蘭翁錢椿年（王毓瑚稱其友爲明初陸闓）所作，而顧氏進行了删改。

全書共九則，簡述各地的名茶以及相關的茶葉種植、採摘和收藏方法，重點介紹了幾種茶的製作，對煎茶和點茶的介紹尤其詳備。九則内容分別爲茶略、茶品、藝茶、採茶、藏茶、製茶諸法、煎茶四要、點茶三要、茶效九部分。其中『茶略』和『茶品』是講有關茶的外觀形狀和各地名茶的品第排序，引自前人著作。『藝茶』『採茶』『藏茶』三部分則主要講述茶葉種植和採摘。此後『煎茶四要』（擇水、洗茶、候湯、擇品）和『點茶三要』（滌器、熁盞、擇果）主要講煎茶和點茶的訣竅。

該書有《顧氏文房叢刻》本（明嘉靖大石山房刻）和《説郛》本。今據南京圖書館藏明萬曆間刻本影印。

（惠富平　何彦超）

茶譜序

余性嗜茗弱冠時識吳心遠於陽羡識過養拙於琴川二公極於茗事者也授余收焙烹點法頗爲簡易及閱唐宋茶譜茶錄諸書法用熟碾細羅爲末爲餅所謂小龍團尤爲珍重故當時有金易得而龍餅不易得之語嗚呼豈士人而能爲此哉頃見友蘭翁所集茶譜其灋於二公頗合但收採古今篇什太繁甚失譜意余暇日删校仍附王友石竹爐并分封六事於後當與

志

有玉川之癖者共之也吳郡顧元慶序

茶譜序畢

茶譜

明吳郡顧元慶輯

茶略

茶者南方嘉木自一尺二尺至數十尺其巴峽有兩人抱者伐而掇之樹如瓜蘆葉如梔子花如白薔薇實如栟櫚蒂如丁香根如胡桃

茶品

茶之產於天下多矣若劍南有蒙頂石花湖州有顧渚紫筍峽州有碧澗明月邛州有火井思

安湶江有薄片巴東有真香福州有柏巖洪州有白露常之陽羨婺之舉巖丫山之陽坡龍安之騎火黔陽之都濡高株瀘川之納溪梅嶺之數者其名皆著品第之則石花最上紫笋次之又次則碧澗明月之類是也惜皆不可致耳

藝茶

藝茶欲茂法如種瓜三歲可採陽崖陰林紫者爲上綠者次之

採茶

園黃有一旗二鎗之號言一葉二芽也凡早取爲茶晚取爲荈穀雨前後收者爲佳粗細皆可用惟在採摘之時天色晴明炒焙適中盛貯如法

藏茶

茶宜蒻葉而畏香藥喜溫燥而忌冷濕故收藏之家以蒻葉封裹入焙中兩三日一次用火當如人體溫溫則禦濕潤若火多則茶焦不可食

制茶諸法

橙茶將橙皮切作細絲一觔以好茶五觔焙乾入橙絲間和用密麻布襯墊火箱置茶於上烘熱淨綿被罨之三兩時隨用建連紙袋封裹仍以被罨焙乾收用

蓮花茶於日未出時將半含蓮花撥開放細茶一撮納滿蘂中以麻皮略縶令其經宿次早摘花傾出茶葉用建紙包茶焙乾再如前法又將茶葉入別蘂中如此數次取其焙乾收用不勝香美

木樨茉莉玫瑰薔薇蘭蕙橘花梔子木香梅花皆可作茶諸花開時摘其半含半放蘂之香氣全者量其茶葉多少摘花爲茶花多則太香而脫茶韻花少則不香而不盡美三停茶葉一停花始稱假如木樨花須去其枝蒂及塵垢蟲蟻用磁罐一層茶一層花投間至滿紙箬縶固入鍋重湯煮之取出待冷用紙封裹置火上焙乾收用諸花倣此

煎茶四要

一擇水

凡水泉不甘能損茶味之嚴故古人擇水最爲切要山水上江水次井水下山水乳泉漫流者爲上瀑湧湍激勿食食久令人有頸疾江水取去人遠者井水取汲多者如蟹黃混濁鹹苦者皆勿用

二洗茶

凡烹茶先以熱湯洗茶葉去其塵垢冷氣烹之則美

三候湯

凡茶須緩火炙活火煎活火謂炭火之有焰者當使湯無妄沸庶可養茶始則魚目散布微微有聲中則四邊泉湧纍纍連珠終則騰波鼓浪水氣全消謂之老湯三沸之法非活火不能成也

凡茶少湯多則雲脚散湯少茶多則乳面聚

四擇品

凡瓶要小者易候湯又點茶注湯有應若瓶大

啜存停久味過則不佳矣茶銚茶瓶銀錫爲上甆石次之

茶色白宜黑盞建安所造者紺黑紋如兔毫其坯微厚熁之火熱難冷最爲要用出他處者或薄或色異皆不及也

點茶三要

一滌器

茶瓶茶盞茶匙生鉎音星致損茶味必須先時洗潔則美

二熁盞

凡點茶先須熁盞令熱則茶面聚乳冷則茶色不浮

三擇果

茶有眞香有佳味有正色烹點之際不宜以珍果香草雜之奪其香者松子柑橙杏仁蓮心木香梅花茉莉薔薇木樨之類是也奪其味者牛乳番桃荔枝圓眼水梨枇杷之類是也凡飲佳茶去果方覺清絶雜之則無辨矣若必曰所宜

核桃榛子瓜仁棗仁菱米欖仁栗子鷄頭銀杏山藥笋乾芝麻莒蒿萵苣芹菜之類精製或可用也

茶效

人飲眞茶能止渴消食除痰少睡利水道明目益思出本草拾遺除煩去膩人固不可一日無茶然或有忌而不飲每食已輒以濃茶漱口煩膩旣去而脾胃自清凡肉之在齒間者得茶漱滌之乃盡消縮不覺脫去不煩刺挑也而齒性便苦

缘此漸堅密蠱毒自已矣然率用中下茶出蘇文

茶譜　六　正

苦節君像

苦節君銘　錫山盛顒著

肖形天地匪冶匪陶心存活火聲帶湘濤一滴

甘露滌我詩腸清風兩腋洞然八荒

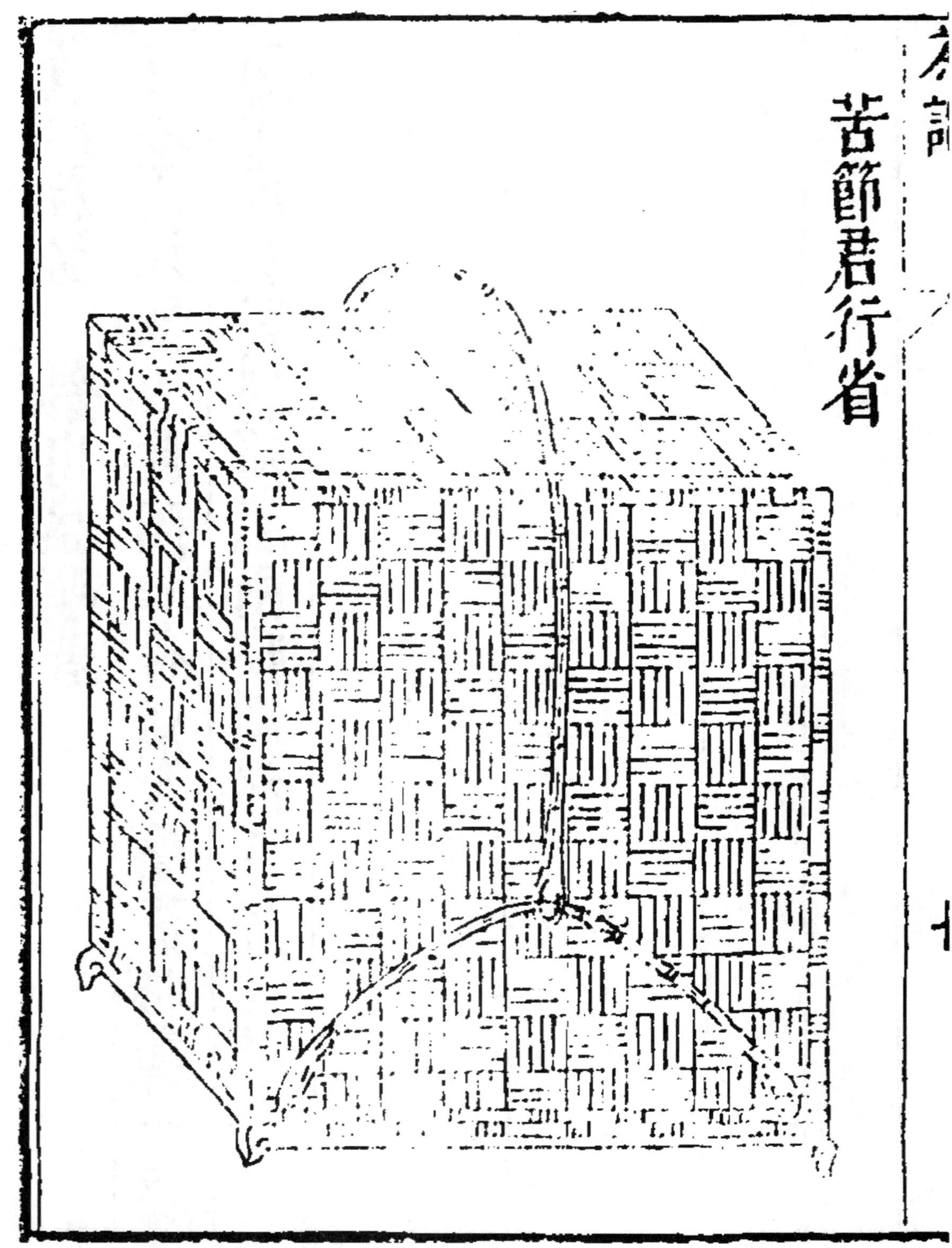

苦節君行省

茶具六事分封悉貯於此侍從苦節君于泉石山齋亭館間執事者故以行省名之按茶經有一源二具三造四器五煮六飲七事八出九略十圖之說夫器雖居四不可以不備闕之則九者皆荒而茶廢矣得是以管攝衆器固無一闕况兼以惠麓之泉陽羨之茶烏乎廢哉陸鴻漸所謂都籃者此其足與欸識以湘筠編製因見圖譜故不暇論惠麓茶僊盛虞識

六事分封見後

建城

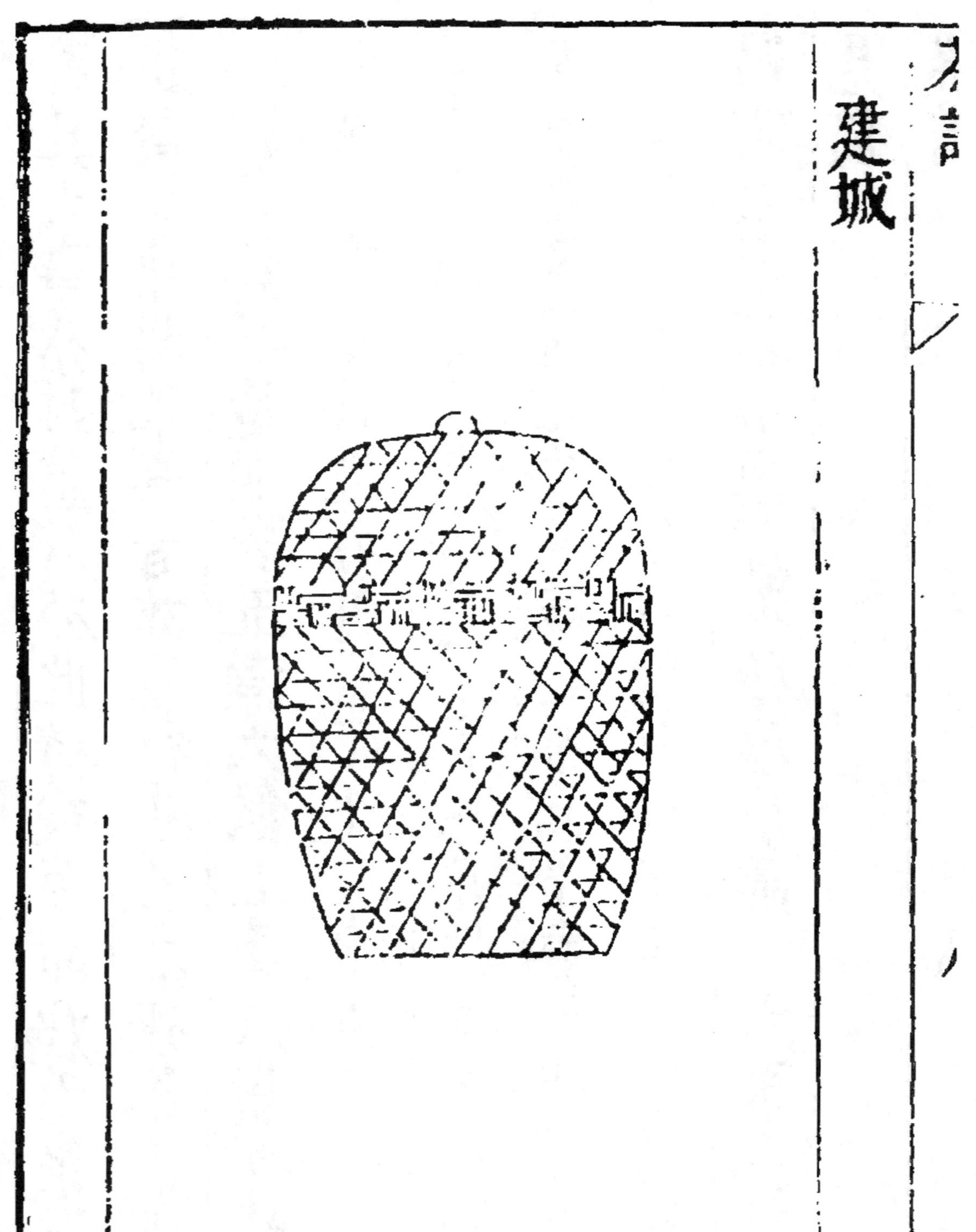

茶宜密裹故以葉籠盛之宜於高閣不宜濕氣恐失真味也古人因以用火依時焙之常如人體溫溫則禦濕潤今稱建城按茶録云建安民間以茶爲尚故據地以城封之

雲屯

泉汲於雲根取其潔也欲全香液之腴故以石子同貯缾缶中用供烹煮水泉不甘者能損茶味前世之論必以惠山泉宜之今名雲屯蓋雲即泉也得貯其所雖與列職諸君同事而獨屯於斯豈不清高絶俗而自貴哉

烏府

炭之為物貌玄性剛遇火則威靈氣燄赫然可畏觸之者腐犯之者焦殆猶憲司行部而姦宄無狀者望風自靡苦節君得此甚利於用也況其別號烏銀故特表章其所藏之具曰烏府不亦宜哉

水曹

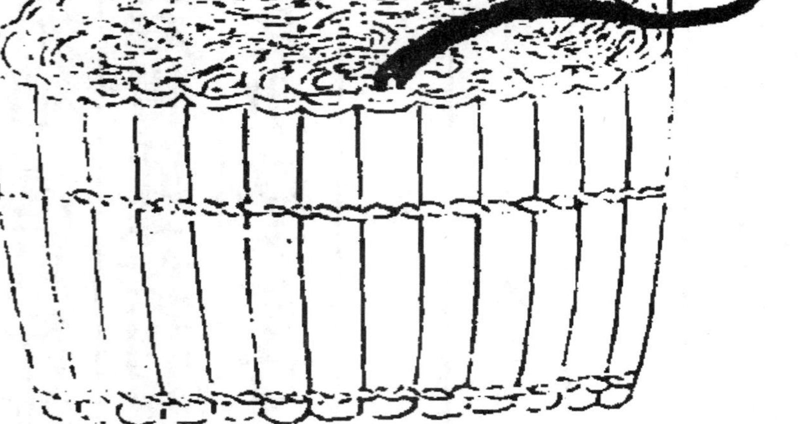

茶之眞味蘊諸鎗旗之中必浣之以水而後發也既復加之以水投之以泉則陽嘘陰噏自然交姤而馨香之氣溢於鼎矣故凡苦節君器物用事之餘未免有殘瀝微垢皆賴水沃盥名其器曰水曹如人之濯於盤水則垢除體潔而有日新之功豈不有關於世教也耶

器局

商象古石鼎也　歸潔竹筅帚也　分盈杓也即茶經水則每二升計茶一兩

遞火銅火斗也　降紅銅火箸也　執權準茶秤也每茶一兩計水二升

團風湘竹扇也　漉塵洗茶籃也　靜沸竹架即茶經支腹也

注春磁壺也　運鋒劖果刀也　甘鈍木碪墩也

啜香甆甌也　撩雲竹茶匙也　納敬竹茶槖也

受汚拭抹布也

右茶具十六事收貯於器局供役苦節君者故立名管之蓋欲統歸於一以其素有貞雅操而自能守之也

茶譜

品司

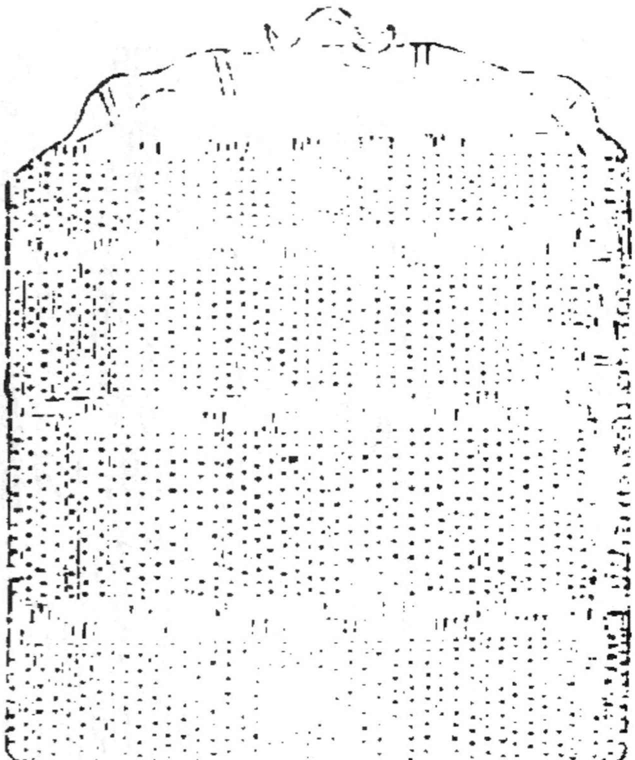

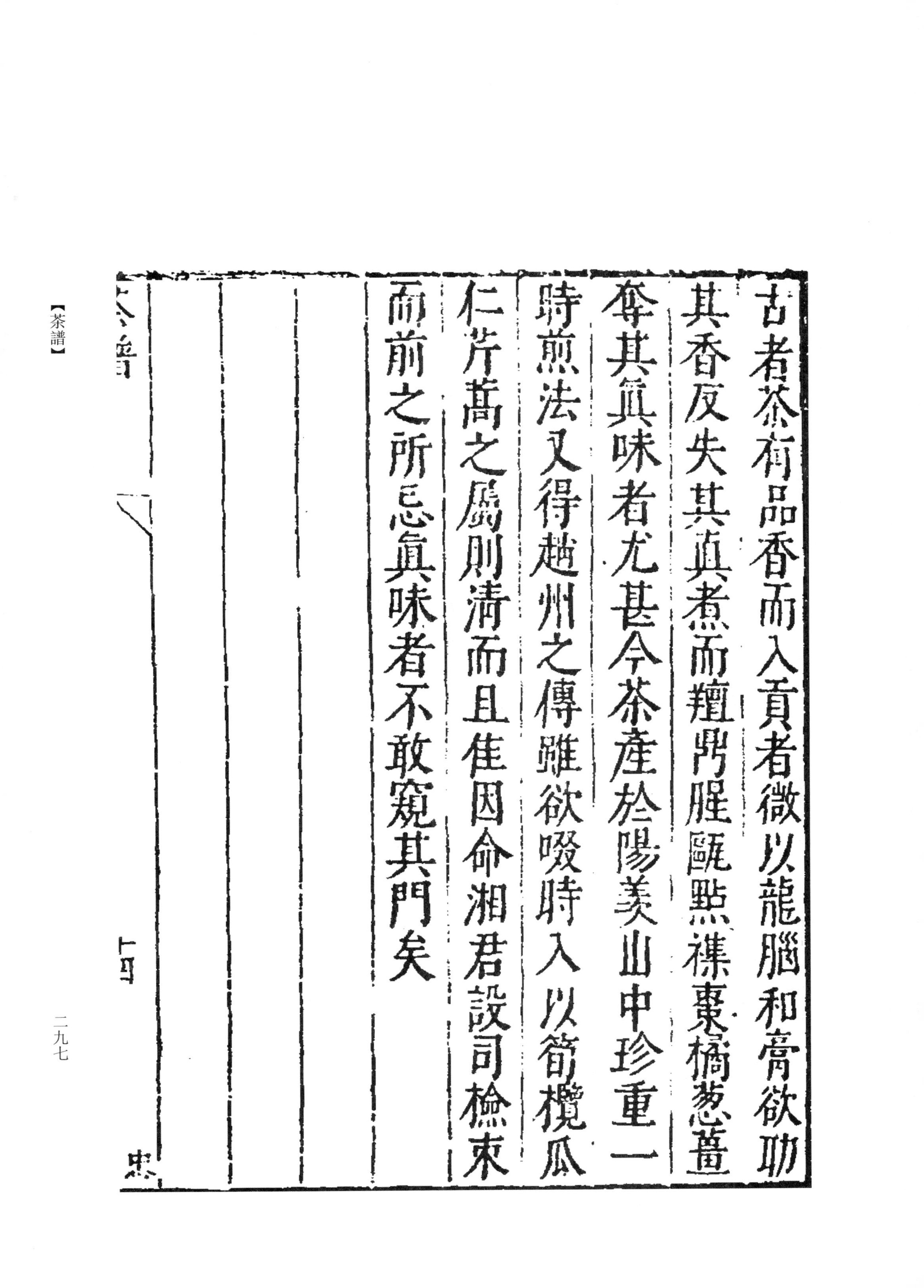

古者茶有品香而入貢者微以龍腦和膏欲助其香反失其真煮而羶腥甌點襍棗橘葱薑奪其真味者尤甚今茶產於陽羨山中珍重一時煎法又得趙州之傳雖欲啜時入以筍欖瓜仁芹蒿之屬則清而且佳因命湘君設司檢束而前之所忌真味者不敢窺其門矣

茶譜後序

大石山人顧元慶不知何許人也久之知爲吾郡王天雨社中友王固博雅好古士也其所交盡當世賢豪非其人雖軒冕黼黻不欲掛眉睫間天雨至晚歲益厭棄市俗乃築室於陽山之陰日惟與顧岳二山人結泉石之盟顧即元慶岳名岱別號漳餘尤善繪事而書法頗出入米南宮吳之隱君子也三人者吾知其二可以卜其一矣今觀所述茶譜茍非泥滓一世者必不

能勉強措一詞吾讀其書亦可以想見其爲人矣用置案頭以備嘉賞歸安茅一相撰

茶譜後序畢

茶疏

（明）許次紓 撰

《茶疏》，（明）許次紓撰。許次紓（一五四九—一六〇四），字然明，號南華，浙江錢塘（今杭州）人，是明代茶人和學者。曾在福建遊歷，深諳茶理，對福建茶事有一定研究。其詩文創作豐富，但多已失傳，只餘《茶疏》流傳於世。該書撰成於一五九七年。由於許氏是浙江人，熟悉綠茶的採製，對炒青綠茶的加工記述較爲詳細，尤其在産茶和採製方面的論述較爲深入。

全書分三十六章，分别爲産茶、今古製法、採摘、炒茶、岕中製法、收藏、置頓、取用、日用頓置、包裹、擇水、貯水等。在産茶章節中，作者指出江南地暖爲産茶的自然條件，江南名山出名茶，並詳細地叙述了當時主要名茶的産地。關於茶的製作方法，許氏認爲團茶的製作方式不如明代製茶工藝優良，旋摘旋焙，使茶香色俱全。他以春茶爲優，茶的製作方法爲炒茶。他認爲適合人居的地方爲貯茶之處，應乾燥清涼，高温濕熱環境不能保存茶。對於烹茶技藝，許次紓在火候、烹點、稱量、湯候、甌注、蕩滌幾章節中加以明確闡述，皆有心得。

該書有明萬曆三十五年（一六〇七）刻本，以及《説郛》本等。今據明萬曆四十一年刻《茶書二十種》本影印。

（惠富平　何彦超）

題許然明茶疏序

陸羽品茶以吾鄉顧渚所産爲冠而明月峽尤其所最佳者也余闢小園其中歲取茶租自判童而白首始得臻其玄詣武林許然明余石交也亦有嗜茶之癖每茶期必命駕造余齋頭汲金沙玉竇二泉細啜而探討品騭之余罄生平習試自秘之訣悉以相授故然明得茶理最精歸而著茶疏一帙余未之知也然明化三年所矣余每持茗椀不能無期牙之感丁未春許才

甫携然明茶疏見示，且徵於夢。然明存日著述甚富，獨以清事托之故人，豈其神情所注，亦欲自附於茶經不朽，與昔鞏民陶瓷肖鴻漸像，沽茗者必祀而沃之。余亦欲貌然明於篇端，俾讀其書者并挹其丰神可也。

萬曆丁未春日吴興友弟姚紹憲識於明月峡中

茶疏目錄

童子　飲時　宜輟

不宜用　不宜近　良友

出遊　權宜　虎林水

宜節　辯訛　孜本

許然明茶疏

明錢唐許次紓然明著

產茶

天下名山必產靈草江南地煖故獨宜茶大江以北則稱六安然六安乃其郡名其實產霍山縣之大蜀山也茶生最多名品亦振河南山陝人皆用之南方謂其能消垢膩去積滯亦共寶愛顧彼山中不善製造就於食鐺大薪炒焙未及出釜業已焦枯詎堪用哉兼以竹造巨笱乘

熟便貯雖有綠梗紫筍輙就萎黃僅供下食奚堪品鬬江南之茶唐人首稱陽羨宋人最重建州于今貢茶兩地獨多陽羨僅有其名建茶亦非最上惟有武夷雨前最勝近日所尚者爲長興之羅岕疑即古人顧渚紫筍也介於山中謂之岕羅氏隱焉故名羅然岕故有數處今惟洞山最佳姚伯道云明月之峽厥有佳茗是名上乘要之採之以時製之盡法無不佳者其韻致清遠滋味甘香清肺除煩足稱仙品此自一種

也若在顧渚亦有佳者人但以水口茶名之全與峴別矣若歙之松蘿吳之虎丘錢唐之龍井香氣穠郁並可雁行與峴頡頏往郭次甫亟稱黃山黃山亦在歙中然去松蘿遠甚往時士人皆貴天池天池產者飲之畧多令人脹滿自余始下其品向多非之近來賞音者始信余言矣浙之產又曰天台之雁宕栝蒼之大盤東陽之金華紹興之日鑄皆與武夷相爲伯仲然雖有名茶當曉藏製製造不精收藏無法一行出山

香味色俱減錢塘諸山產茶甚多南山盡佳北山稍劣北山勤於用糞茶雖易茁氣韻反薄往時頗稱睦之鳩坑四明之朱溪今皆不得入品武夷之外有泉州之清源儻以好手製之亦是武夷亞匹惜多焦枯令人意盡楚之產曰寶慶滇之產曰五華此皆表表有名猶在雁茶之上其他名山所產當不止此或余未知或名未著故不及論

今古製法

古人製茶尚龍團鳳餅襍以香藥蔡君謨諸公皆精於茶理居恒鬬茶亦僅取上方珍品碾之未聞新制若漕司所進第一綱名北苑試新者乃雀舌冰芽所造一銙之直至四十萬錢僅供數盂之啜何其貴也然冰芽先以水浸已失真味又和以名香益奪其氣不知何以能佳不若近時製法旋摘旋焙香色俱全尤蘊真味

採摘

清明穀雨摘茶之候也清明太早立夏太遲穀

雨前後其時適中若肯再遲一二日期待其氣力完足香烈尤倍易於收藏梅時不蒸雖稍長大故是嫩枝柔葉也杭俗喜于盂中撮點故貴極細理煩散鬱未可遽非吳淞人極貴吾鄉龍井肯以重價購雨前細者狃於故常未解妙理岕中之人非夏前不摘初試摘者謂之開園采自正夏謂之春茶其地稍寒故須待夏此又不當以太遲病之往日無有於秋日摘茶者近乃有之秋七八月重摘一番謂之早春其品甚佳

不嫌少薄他山射利多摘梅茶梅茶澀苦止堪作下食且傷秋摘佳產戒之

炒茶

生茶初摘香氣未透必借火力以發其香然性不耐勞炒不宜久多取入鐺則手力不勻久於鐺中過熟而香散矣甚且枯焦尚堪烹點炒茶之器最嫌新鐵鐵腥一入不復有香尤忌脂膩害甚於鐵須豫取一鐺專用炊飯無得別作他用炒茶之薪僅可樹枝不用幹葉幹則火力猛

熾葉則易焰易滅鐺必磨瑩旋摘旋炒一鐺之内僅容四兩先用文火焙軟次加武火催之手加木指急急鈔轉以半熟爲度微俟香發是其候矣急用小扇鈔置被籠純綿大紙襯底燥焙積多候冷入缾收藏人力若多數鐺數籠人力即少僅一鐺二鐺亦須四五竹籠盖炒速而焙遲燥濕不可相混混則大减香力一葉稍焦全鐺無用然火雖忌猛尤嫌鐺冷則枝葉不柔以意消息最難最難

岕中製法

岕之茶不炒，甑中蒸熟，然後烘焙。緣其摘遲，枝葉微老，炒亦不能使軟，徒枯碎耳。亦有一種極細炒岕，乃采之他山，炒焙以欺好奇者。彼中甚愛惜茶，決不忍乘嫩摘採，以傷樹本。余意他山所産，亦稍遲採之，待其長大，如岕中之法蒸之，似無不可，但未試嘗，不敢漫作。

收藏

收藏宜用磁甕，大容一二十斤，四圍厚箬，中則貯茶須極燥極新專供此事久乃愈佳不必歲易茶須築實仍用厚箬塡緊甕口再加以箬以眞皮紙包之以苧麻緊扎壓以大新磚勿令微風得入可以接新

置頓

茶惡濕而喜燥畏寒而喜溫忌蒸鬱而喜清涼置頓之所須在時時坐卧之處逼近人氣則常溫不寒必在板房不宜土室板房則燥土室則蒸又要透風勿置幽隱幽隱之處尤易蒸濕兼

悉有失點撿其閣度之方宜磚底數層四圍磚砌形若火爐愈大愈善勿近土墻頓甕其上隨時取竈下火灰候冷簇於甕傍半尺以外仍隨時取灰火簇之令裹灰常燥一以避風一以避濕却忌火氣入甕則能黃茶世人多用竹器貯茶雖復多用箬護然箬性峭勁不甚伏帖最難緊實能無滲罅風濕易侵多故無益也且不堪地爐中頓萬萬不可人有以竹器盛茶置被籠中用火即黃除火即潤忌之忌之

取用

茶之所忌上條備矣然則陰雨之日豈宜擅開如欲取用必候天氣晴明融和高朗然後開金庶無風侵先用熱水濯手麻帨拭燥金口內箬別置燥處另取小罌貯所取茶量日幾何以十日爲限去茶盈寸則以寸箬補之仍須碎剪茶日漸少箬日漸多此其節也焙燥築實包扎如前

包裹

茶性畏紙，紙於水中成，受水氣多也。紙裹一夕，隨紙作氣盡矣。雖火中焙出，少頃即潤。雁宕諸山，首坐此病。每以紙帖寄遠，安得復佳。

日用頓置

日用所需，貯小罌中，箬包苧扎，亦勿見風。宜即置之案頭，勿頓巾箱書簏，尤忌與食器同處。並香藥則染香藥，並海味則染海味，其他以類而推。不過一夕，黃矣變矣。

擇水

精茗蘊香借水而發無水不可與論茶也古人品水以金山中泠爲第一泉第二或曰廬山康王谷第一廬山余未之到金山頂上井亦恐非中泠古泉陵谷變遷已當湮沒不然何其瀉薄不堪酌也今時品水必首惠泉甘鮮膏腴致足貴也往三渡黄河始憂其濁舟人以法澄過飲而甘之尤宜煮茶不下惠泉黄河之水來自天上濁者土色也澄之既淨香味自發余嘗言有名山則有佳茶茲又言有名山必有佳泉相提

而論恐非臆說余所經行吾兩浙兩都齊魯楚粵豫章滇黔皆嘗稍涉其山川味其水泉發源長遠而潭沚澄澈者水必甘美即江河溪澗之水遇澄潭大澤味咸甘冽唯波濤湍急瀑布飛泉或舟楫多處則苦濁不堪蓋云傷勞豈其恒性凡春夏水長則減秋冬水落則美

貯水

甘泉旋汲用之斯良丙舍在城夫豈易得理宜多汲貯大甕中但忌新器為其火氣未退易於

敗水亦易生蟲久用則善最嫌他用水性忌木松杉爲甚木桶貯水其害滋甚挈缾爲佳耳貯水甕口厚箬泥固用時旋開泉水不易以梅雨水代之

舀水

舀水必用磁甌輕輕出甕緩傾銚中勿令淋漓甕內致敗水味切須記之

煮水器

金乃水母錫備柔剛味不鹹澀作銚最良銚中

必穿其心令透火氣沸速則鮮嫩風逸沸遲則老熟昏鈍兼有湯氣慎之慎之茶滋于水水藉乎器湯成於火四者相須缺一則廢

火候

火必以堅木炭爲上然木性未盡尚有餘烟烟氣入湯湯必無用故先燒令紅去其烟焰兼取性力猛熾水乃易沸既紅之後乃授水器仍急扇之愈速愈妙毋令停手停過之湯寧棄而再烹

烹點

未曾汲水，先備茶具，必潔必燥，開口以待。蓋或仰放，或置磁盂，勿竟覆之。案上漆氣、食氣，皆能敗茶。先握茶手中，俟湯既入壺，隨手投茶湯，以蓋覆定。三呼吸時，次滿傾盂內，重投壺內，用以動盪香韻，兼色不沉滯。更三呼吸頃，以定其浮薄，然後瀉以供客。則乳嫩清滑，馥郁鼻端。病可令起，疲可令爽，吟壇發其逸思，談席滌其玄襟。

秤量

茶注宜小不宜甚大小則香氣氤氳大則易於散漫大約及半升是爲適可獨自斟酌愈小愈佳容水半升者量茶五分其餘以是增減

湯候

水一入銚便須急煮候有松聲即去蓋以消息其老嫩蟹眼之後水有微濤是爲當時大濤鼎沸旋至無聲是爲過時過則湯老而香散決不堪用

甌注

茶甌古取建窰兔毛花者亦鬭碾茶用之宜耳其在今日純白爲佳兼貴於小定窰最貴不易得矣宣成嘉靖俱有名窰近日倣造間亦可用次用真正回青必揀圓整勿用啙窳茶注以不受他氣者爲良故首銀次錫上品真錫力大不減慎勿雜以黑鉛雖可清水却能奪味其次内外有油磁壺亦可必如柴汝宣成之類然後爲佳然滚水驟澆舊磁易裂可惜也近日饒州所造極不堪用往時龔春茶壺近日時彬所製大

爲時人寶惜蓋皆以粗砂製之正取砂無土氣耳隨手造作頗極精工顧燒時必須火力極足方可出窑然火候少過壺又多碎壞者以是益加貴重火力不到者如以生砂注水土氣滿鼻不中用也較之錫器尚减三分砂性微滲又不用油香不竅發易冷易餿僅堪供玩耳其餘細砂及造自他匠手者質惡製劣尤有土氣絶能敗味勿用勿用

盪滌

湯銚甌注最宜燥潔每日晨興必以沸湯蕩滌用極熟黄麻巾帨向內拭乾以竹編架覆而庋之燥處烹時隨意取用脩事既畢湯銚拭去餘瀝仍覆原處每注茶甫盡隨以竹筯盡去殘葉以需次用甌中殘瀋必須去之以俟再斟如或存之奪香敗味人必一盃毋勞傳遞再巡之後清水滌之爲佳

飲啜

一壺之茶只堪再巡初巡鮮美再則甘醇三巡

意欲盡矣。余嘗與馮開之戲論茶候，以初巡爲停停嫋嫋十三餘，再巡爲碧玉破瓜年，三巡以來綠葉成陰矣。開之大以爲然。所以茶注欲小，小則再巡已終，寧使餘芬剩馥尚留葉中，猶堪飯後供啜嗽之用，未遂棄之可也。若巨器屢巡，滿中瀉飲，待停少溫，或求濃苦，何異農匠作勞，但需涓滴，何論品賞，何知風味乎。

論客

賓朋雜沓，止堪交錯觥籌；乍會泛交，僅須常品酬酢惟素心同調彼此暢適清言雄辯脫畧形骸始可呼童篝火酌水點湯量客多少爲役之煩簡三人以下止爇一爐如五六人便當兩鼎爐用一童湯方調適若還兼作恐有參差客若衆多姑且罷火不妨中茶投果出自内局

茶所

小齋之外別置茶寮高燥明爽勿令閉塞壁邊列置兩爐爐以小雪洞覆之止開一面用省灰塵騰散寮前置一几以頓茶注茶盂爲臨時供

其用，置一几，以頓他器。傍列一架，巾帨懸之，見用之時，即置房中。斟酌之後，旋加以蓋，毋受塵汙，使損水力。炭宜遠置，勿令近爐，尤宜多辦宿乾易熾。爐少去壁，灰宜頻掃。總之以慎火防爇，此爲最急。

洗茶

岕茶摘自山麓，山多浮沙，隨雨輙下，即着於葉中。烹時不洗去沙土，最能敗茶。必先盥手令潔，次用半沸水，扇揚稍和，洗之。水不沸，則水氣不盡反能敗茶毋得過勞以損其力沙土既去急於手中擠令極乾另以深口瓮合貯之抖散待用洗必躬親非可攝代凡湯之冷熱茶之燥濕緩急之節頓置之宜以意消息他人未必解事

童子

煎茶燒香總是清事不妨躬自執勞然對客談諧豈能親涖宜教兩童司之器必晨滌手令時盥爪可淨剔火宜常宿量宜飲之時爲舉火之候又當先白主人然後脩事酌過數行亦宜少

榖果餌間供別進濃瀋不妨中品充之蓋食飲相須不可偏廢甘醲雜陳又誰能鑒賞也舉酒命觴理宜停罷或鼻中出火耳後生風亦宜以甘露澆之各取大盂撮點雨前細玉正自不俗

飲時

心手閒適　披咏疲倦　意緒棼亂

聽歌聞曲　歌罷曲終　杜門避事

鼓琴看畫　夜深共語　明窗淨几

洞房阿閣　賓主款狎　佳客小姬

訪友初歸　風日晴和　輕陰微雨

小橋畫舫　茂林脩竹　課花責鳥

荷亭避暑　小院焚香　酒闌人散

兒輩齋館　清幽寺觀　名泉怪石

宜輟

作字　觀劇　發書柬

大雨雪　長筵大席　繙閱卷帙

人事忙迫　及與上宜飲時相反事

不宜用

惡水　敝器　銅匙

銅銚　木桶　柴薪

麩炭　粗童　惡婢

不潔巾帨　各色果實香藥

不宜近

陰室　廚房　市喧

小兒啼　野性人　童奴相閧

酷熱齋舍

良友

清風明月　紙帳楮衾　竹牀石枕

名花琪樹

出遊

士人登山臨水必命壺觴乃茗椀薰爐置而不問是徒游於豪舉未託素交也余欲特製游裝備諸器具精茗名香同行異室茶罌一注二銚一小甌四洗一瓷合一銅爐一小面洗一巾副之附以香奩小爐香囊匕筯此爲半肩薄甃貯水三十斤爲半肩足矣

權宜

出遊遠地，茶不可少。恐地產不佳，而人鮮好事，不得不隨身自將。瓦器重難，又不得不寄貯竹箬。茶甫出甕，焙之。竹器曬乾，以箬厚貼，實茶其中。所到之處，即先焙新好瓦餅，出茶焙燥，貯之餅中。雖風味不無少減，而氣力味尚存。若舟航出入，及非車馬修途，仍用瓦缶，毋得但利輕齎，致損靈質。

虎林水

杭兩山之水以虎跑泉爲上芳洌甘腴極可貴重佳者乃在香積厨中上泉故有土氣人不能辨其次若龍井珎珠錫杖韜光幽淙靈峰皆有佳泉堪供汲煮及諸山溪澗澄流并可斟酌獨水樂一洞跌蕩過勞味遂漓薄玉泉往時頗佳近以紙局壞之矣

宜節

茶宜常飲不宜多飲常飲則心肺清凉煩鬱頓釋多飲則微傷脾腎或泄或寒蓋脾土原潤腎

又水鄉宜燥宜溫多或非利也古人飲水飲湯後人始易以茶即飲湯之意但令色香味備意已獨至何必過多反失清冽乎且茶葉過多亦損脾腎與過飲同病俗人知戒多飲而不知慎多費余故備論之

辯訛

古今論茶必首蒙頂蒙頂山蜀雅州山也往常產今不復有即有之彼中夷人專之不復出山蜀中尚不得何能至中原江南也今人囊盛如

石耳來自山東者乃蒙陰山石苔全無茶氣但微甜耳妄謂蒙山茶茶必木生石衣得爲茶乎

攷本

茶不移本植必子生古人結婚必以茶爲禮取其不移植子之意也今人猶名其禮曰下茶南中夷人定親必不可無但有多寡禮失而求諸野今求之夷矣

余齋居無事頗有鴻漸之癖又桑苧翁所至必以筆牀茶竈自隨而友人有同好者數謂

余豈有論著以備一家貽之好事故次而入
之倘有同心尚蒐余之闕葺而補之用告成
書甚所望也次紓再識

出版後記

早在二〇一四年十月，我們第一次與南京農業大學農遺室的王思明先生取得聯繫，商量出版一套中國古代農書，一晃居然十年過去了。

十年間，世間事紛紛擾擾，今天終於可以將這套書奉獻給讀者，不勝感慨。

當初確定選題時，經過調查，我們發現，作爲一個有著上萬年農耕文化歷史的農業大國，我們整理的農業古籍叢書只有兩套，且規模較小，一是農業出版社自一九五九年開始陸續出版的《中國古農書叢刊》，收書四十多種；一是農業出版社一九八二年出版的《中國農學珍本叢刊》，收書三種。其他點校整理的單品種農書倒是不少。基於這一點，王思明先生認爲，我們的項目還是很有價值的。

經與王思明先生協商，最後確定，以張芳、王思明主編的《中國農業古籍目錄》爲藍本，精選一百五十二種中國古代最具代表性的農業典籍，影印出版，書名初訂爲『中國古農書集成』。接下來就是正常的流程，先確定編委會，確定選目，再確定底本。看起來很平常，實際工作起來，卻遇到了不少困難。

古籍影印最大的困難就是找底本。本書所選一百五十二種古籍，有不少存藏於南農大等高校圖書館。但由於種種原因，不少原來准備提供給我們使用的南農大農遺室的底本，當時未能順利複製。最後所有底本均由出版社出面徵集，從其他藏書單位獲取。

本書所選古農書的提要撰寫工作，倒是相對順利。書目確定後，由主編王思明先生親自撰寫樣稿，副主編惠富平教授（現就職於南京信息工程大學）、熊帝兵教授（現就職於淮北師範大學）及編委何彥超博士（現就職於江蘇開放大學）及時拿出了初稿，爲本書的順利出版打下了基礎。

本書於二〇二三年獲得國家古籍整理出版資助，二〇二四年五月以『中國古農書集粹』爲書名正式出版。

二〇二三年一月，王思明先生不幸逝世。没能在先生生前出版此書，是我們的遺憾。本書的出版，或可告慰先生在天之靈吧。

是爲出版後記。

鳳凰出版社

二〇二四年三月

《中國古農書集粹》總目

一

二

三

四

五

寶坻勸農書　（明）袁黄 撰
知本提綱　（修業章）　（清）楊屾 撰　（清）鄭世鐸 注釋
農圃便覽　（清）丁宜曾 撰
三農紀　（清）張宗法 撰
增訂教稼書　（清）孫宅揆 撰　（清）盛百二 增訂
寶訓　（清）郝懿行 撰

六

授時通考　（全二册）　（清）鄂爾泰 等 撰

七

齊民四術　（清）包世臣 撰
浦泖農咨　（清）姜皋 撰
農言著實　（清）楊秀沅 撰
農蠶經　（清）蒲松齡 撰
馬首農言　（清）祁寯藻 撰　（清）王筠 校勘並跋

撫郡農産考略　何德剛 撰
夏小正　（漢）戴德 傳　（宋）金履祥 注　（清）張爾岐 輯定　（清）黄叔琳 增訂
田家五行　（明）婁元禮 撰
卜歲恒言　（清）吴鵠 撰
農候雜占　（清）梁章鉅 撰　（清）梁恭辰 校

八

五省溝洫圖説　（清）沈夢蘭 撰
吴中水利書　（宋）單鍔 撰
築圍説　（清）陳瑚 撰
築圩圖説　（清）孫峻 撰
耒耜經　（唐）陸龜蒙 撰
農具記　（清）陳玉璂 撰
管子地員篇注　題（周）管仲 撰　（清）王紹蘭 注
於潛令樓公進耕織二圖詩　（宋）樓璹 撰

九

十

十一

十二

十三

十四

十五

竹譜　（清）陳鼎 撰

桐譜　（宋）陳翥 撰

茶經　（唐）陸羽 撰

茶錄　（宋）蔡襄 撰

東溪試茶錄　（宋）宋子安 撰

大觀茶論　（宋）趙佶 撰

品茶要錄　（宋）黄儒 撰

宣和北苑貢茶錄　（宋）熊蕃 撰

北苑別錄　（宋）趙汝礪 撰

茶箋　（明）聞龍 撰

羅岕茶記　（明）熊明遇 撰

茶譜　（明）顧元慶 撰

茶疏　（明）許次紓 撰

十六

治蝗全法　（清）顧彦 撰

捕蝗考　（清）陳芳生 撰

捕蝗彙編　（清）陳僅 撰

捕蝗要訣　（清）錢炘和 撰

安驥集　（唐）李石 撰

元亨療馬集　（明）喻仁、喻傑 撰

牛經切要　（清）佚名 撰　于船、張克家 點校

抱犢集　（清）佚名 撰

哺記　（清）黄百家 撰

鴿經　（明）張萬鍾 撰

十七

蜂衙小記　（清）郝懿行 撰

蠶書　（宋）秦觀 撰

蠶經　（明）黄省曾 撰

西吳蠶略　（清）程岱葊 撰

湖蠶述　（清）汪曰楨 撰

野蠶錄　（清）王元綎 撰

柞蠶雜誌　增韞 撰

樗繭譜　（清）鄭珍 撰（清）莫友芝 注

廣蠶桑説輯補　（清）沈練 撰（清）仲學輅 輯補

蠶桑輯要　（清）沈秉成 編

豳風廣義　（清）楊屾 撰